吳氏止園

劉珊珊　黃曉　著

跨越大洋的藝術傳奇

謹以此書

致敬高居翰教授*

（1926—2014）

---

* **高居翰**（James Cahill）

美國加州大學伯克利分校資深教授，被視作西方研究中國藝術史的一座高峰。曾任華盛頓弗利爾美術館中國部主任，先後獲得美國大學藝術學會授予的“藝術史教學終身成就獎”、“藝術寫作終身成就獎”和美國史密森學會授予的“弗利爾獎章”，以表彰他在亞洲藝術史研究中的傑出貢獻。晚年將藏書和學術資料捐贈中國美術學院，建立“高居翰圖書館”。三聯書店、北京大學出版社和中國美術學院出版“高居翰作品系列”十餘種，具有廣泛的學術影響和社會影響。

高居翰晚年在伯克利家中。莎拉·卡希爾提供

名家推薦

中國首席園林專家陳從周訪美時，我向他展示了《止園圖》。他非常興奮，稱讚畫中的園林是中國園林鼎盛時期的精彩傑作。畫冊本身則是對園林的最佳視覺呈現，是非常寶貴的同期證據。

——高居翰　藝術史學家、加州大學伯克利分校教授

詩畫融合是解讀止園的重要鑰匙。園主吳亮對陶淵明開創的田園詩的親近，表現了現實人生的生存境界和詩畫人生的理想境界，這種田園是精神的家園、心靈的憩園。

——馬國馨　中國工程院院士、全國工程勘察設計大師

周廷策為吳亮疊造止園假山，吳亮對其疊山技藝做出極高的評價，並力勸其弟吳奕也要請周廷策造園疊山。周廷策為名匠之子，身兼繪畫、雕塑和造園疊山三種絕技。周秉忠周廷策父子，可以稱為是繼張南陽之後，前張南垣時代之最為著名的造園大師了。

——曹汛　古建園林學家、北京建築大學教授

前人為我們留下了圖冊和詩文。有心的今人通過科學研究儘可能全面和原真地重現了史存園林的景象，把生生不息、景面文心、賞心悅目的景物貢獻給人民。這是艱苦卓絕、勞心勞力的扎實工作，值得學習和發揚光大。止園不止，發芽生根，開花結果。

——孟兆禎　中國工程院院士、北京林業大學教授

目錄

序一　吳家五百年止園

吳歡跟我是真正的髮小師兄弟，祖光叔父、鳳霞師姑，跟我父親許麟廬都曾拜在白石老人門下。兩家又都住在北京東單樓鳳樓胡同，相距百步之遙，交情已有七十多年了。我屬龍，他屬蛇，知情朋友都叫我倆“龍兄蛇弟”。

“哥，我五百年前的家找到了！”師弟吳歡跑到日壇公園我的“和平藝苑”來沒頭沒腦衝我來了這麼一句，讓我有點蒙圈。

“什麼情況？弟弟別忙，咱先沏上茶，慢慢聊……”

這是我最初知道吳家止園故事的情況。

準確地說故事是從明末清初時流落海外的一套明朝園林冊頁開始的。冊頁有 20 幅圖，叫《止園》，作者是明朝畫家張宏。

後來，由美國研究中國古代藝術權威學者，在我們收藏圈赫赫有名的人物高居翰先生，率領兩位年輕的中國學者黃曉、劉珊珊，再串連起國內外一批美術、園林、歷史學者，經過不懈研究，查閱國內外的檔案、典籍，竟奇跡般地幫吳歡找到了他五百年前的家——常州吳氏止園。

歷史文化，淵源有自，並非破空而來。我們搞收藏的最關鍵的是保真，最講究的是拿出傳承有序之證據。《止園》圖冊，便是最典型的案例。按我們行裏話說，再用個京劇腔兒便是“寥若晨星，鳳毛麟角，真真的不易也！”試問中國乃至全世界七八十億人，有幾家能找到五百年前的家？這可不是開玩笑的。止園背後吳氏家族的歷史個案，放在整個人類文明發展史上，也是一個讓人無法忽視的中國故事。

尤其可貴的是這個故事的最初主講人竟然不是中國人，而是一位偉大的美國學者高居翰先生。如此這般，七十多年來吳氏止園故事在英文世界早已傳為佳話，亦不足為怪了。

擁有廣大讀者的《北京青年報》曾以整版的專文《行走的文物，活著的古董》來講述吳歡家的故事。

那何為文物呢？就拿“止園”為例。圖冊中的園林叫“物”，所有與“止園”相關的歷史典籍、檔案中的形形色色人物故事叫“文”，然後把“文”與“物”相加，這便是“文物”。有鑒於此，結論很清楚了，這套止園圖冊的發現與研究，可不是件小事情。因為圖冊背後浮現出的是一個從北宋至今有千年文脈傳承，直至明朝有五百年家譜驗證的江南文化世家大族！沒法聊啦！為什麼？因為中外學者們用心研究出的證據自己就說話了，無需贅言。

撰寫此文的時候，還留意到一個大好消息。我的師弟吳歡先祖營造的止園，將在江蘇常州復建！這就有意思了。止園，這座有“中國園林藍本”之美譽，曾讓美國美學研究大家高居翰先生魂牽夢繞的江南名園，將不僅停留在明代張宏的《止園圖冊》上，也將不僅是中國園林博物館中的精美模型，在不久的將來，將在斯文鼎盛之地的常州重現。對於研究止園及其背後吳氏家族，乃至對江南文化感興趣的人而言，還有什麼比這更令人激動的消息呢？本書能在止園復建之前出版，可謂正當其時，殊堪慶賀！

最後，作為止園後人吳歡的師兄，祝賀之餘，也要感謝作者、編輯們。你們真了不起，居然把止園及其背後吳氏家族的歷史做得如此翔實生動，真是功德無量。感謝諸位！

許化遲

序二　美國權威學者高居翰的中國之愛

一

在北京的“中國園林博物館”有兩座園林模型，號稱“鎮館之寶”。模型均用紫檀、黃花梨等名貴材料製成。一座是清代皇家園林“圓明園”，一座是明代私家園林“止園”……

2013 年 3 月 24 日，美國加州大學伯克利分校的教授別墅院落前，一位身高近一米九，形銷骨立、病容慘淡、兩隻眼睛卻依然閃著智慧光芒的老人低聲自言自語著：“再見了，我的朋友！”

誰是他的朋友？

一輛廂式大貨車滿載 112 箱中國藝術史資料，2000 餘冊大型藏書畫冊，13000 多幅中國美術史數字圖像資料、教學幻燈片緩緩駛出他的院落……這就是陪伴了老人一生的朋友，這可不是一般的朋友，更準確地說，是他一生的心血，一生刻骨銘心的摯愛。“這次第怎一個愛字了得！”

第二年 2014 年 2 月 14 日老人去世了。北京三聯書店為紀念他，破例為他出齊了八本套裝文集。

這個老人是誰？

他就是享有世界範圍學術聲譽，在國際文博收藏界、中國古代藝術研究領域中具有崇高地位，曾任美國華盛頓弗利爾美術館中國藝術部主任，加州大學伯克利分校藝術史系中國美術史教授，1997 年獲得加州大學頒發的終生成就獎，北京故宮博物院特聘專家的美國學者高居翰先生（James Cahill）。

他的那些“朋友”到底去了哪裏？

原來這些被高居翰視為生命一般的朋友，從美國加州運到了中國杭州的“中國美術學院”。專程到美國高宅的接收人，乃是該院圖書館館長張堅教授。中國美術學院專門建立了“高居翰圖書室”和綫上的“高居翰數字圖書館”。從此，高居翰的名字在中國藝術史領域裏，成為了一個十分特殊的歷史符號，被後來的學子銘記不忘，永久落戶中國，成就了中美文化和藝術交流史上永遠不會消失的一段佳話。

時間拉回距今 70 年前的 20 世紀 50 年代初，在美國麻省劍橋的一個專售中國古代藝術品的小型展覽上，展室的燈光有些昏暗，一位高且瘦，戴著眼鏡，約有二十多歲的年輕美國男子正聚精會神，認真地流連踱步在展品前，凝神欣賞著這些因年代久遠而變得陳舊斑駁的中國書畫與器物雜件。其專注程度，就像獵人在尋找獵物，此人正是高居翰。

終於他在一套明朝畫家張宏所繪的園林冊頁前停下了腳步，彎下身去，細細審視，久久沒有離開，顯然他被這套明朝冊頁吸引了，他的雙眼透過眼鏡片發出異樣的光芒，正如獵人發現並瞄準了獵物。

這套冊頁居然有完整的 20 幅。明朝距今已有近 500 年，此圖歷經風霜歲月、戰亂殺戮，從中國流傳到美國，裝裱固然已經十分老舊，破損之處所在多有，但難得的是品相基本完好，畫面色彩筆墨依然清晰可鑒，每幅大約一尺見方，畫的是一座中國明朝的江南園林，款識為“止園”。

正是這次高居翰與《止園圖冊》的不期而遇，開啟了他與該圖冊近七十年糾纏不斷、越纏越清的故事。其間，偶然與必然的各種充滿戲劇性、令人不可思議的情節，破空而來，跌宕起落，驚喜與失望，狂喜與遺憾反覆出現。《止園圖冊》的神奇命運與高居翰的人生軌跡牢牢地捆綁在一起，從他的生前延續到身後，而尤其令人錯愕驚詫且完全意料不到的是，由於《止園圖冊》的發現，又牽出了一個中國歷史上少有的文化大家族。

這便是古稱江蘇常州府宜興，自北宋至今有九百年文昌閣功名榜記載，自明朝至今有五百年古本家譜完整明示，血親一脈垂直，幾乎代代都出文化名流巨匠的中國江南文化大族吳氏家族。證實了這個家族的成員實際上是一組真正傳承有序的、活著的文物。

明史上有重要記載的吳中行、吳宗達、吳炳、吳亮、吳仕、吳襄、吳正志、吳洪裕，現當代的吳瀛、吳祖光、新鳳霞、吳祖強、吳冠中、吳歡均是這個家族的重要成員。

明朝時著名畫家唐伯虎、文徵明、沈周、董其昌等，現當代名流齊白石、徐悲鴻、郭沫若、老舍、梅蘭芳、田漢、董希文、李苦禪、李可染、黃胄等，都曾是吳家不同時期的座上賓。

吳氏家族曾是園林世家，明朝時在常州宜興一帶建有止園等三十幾座園林；吳氏家族曾是紫砂世家，發明了吳仕供春紫砂壺，成為如今風靡天下的紫砂鼻祖；吳氏家族曾是收藏世家，在明朝吳仕楠木廳老宅由董其昌題匾的雲起樓收藏"中國十大歷史名畫"之首《富春山居圖》五十餘年；近現代以來，吳氏家族人才輩出，又因參與辛亥革命、創辦故宮博物院，成為文博、戲劇、電影、音樂、書畫世家而享譽中外。

淵源有自，高居翰偶然發現的"止園"竟然是這個有九百年歷史真實記載至今未衰，在中國民間有著廣泛影響的吳氏家族老宅，這太神奇了！太不可思議了！這離奇而真實的故事被不斷放大，情節被不斷傳頌，竟然產生了異乎尋常的跨界效應，至今仍在連環發酵，引起國內外各界人士的濃厚興趣，迅速成為一段中美文化交流的美妙傳奇佳話。

一位外國人，對中國文化藝術有興趣這並不奇怪，好奇、獵奇是人類永遠的天性。

一位外國人把畢生精力毫無保留地奉獻給了中國文化藝術，這就令人奇怪了。

高居翰，為什麼是高居翰？他到底是怎樣跟中國古代藝術結緣的，這要從他年輕時說起。

二

高居翰1926年出生於美國加州，二戰期間作為美軍士兵在日本接觸到了東方藝術。完全是天性使然，他一發不可收拾地全身心愛上了中國藝術，用湯顯祖《牡丹亭》裏的一句著名台詞解釋："情不知所起，一往而深。"如果從另一個角度來看，也可以說，正是博大精深的中國藝術，令他目眩神迷，並終生陶醉於茲，迷戀於茲，融化於茲，最後永恆於茲，以至於作為後輩的我們至今還在寫文章紀念他，講述著他的故事……

二戰結束後的20世紀40年代後期，高居翰回到美國，於1950年畢業於加州大學伯克利分校東方語文學系，之後又分別於1952年和1958年在密歇根大學安娜堡分校追隨美國第一代世界知名的藝術史學者羅樾先生（Max Loehr, 1903—1988）學習。正是在密歇根大學，高居翰開始埋頭研究中國古代藝術，並獲得碩士和博士學位。

有一個前提需要提示的是，中國自清朝以後有一段時期積貧積弱，戰亂不斷，大量中國文物書畫流落海外，因此若要研究中國藝術的古代部分，國外的資源條件在某些方面反而優於中國國內。

一個偶然又必然的機會，高居翰前往斯德歌爾摩，協助瑞典研究中國美術史的權威大家喜龍仁（Osvald Siren, 1879—1966）教授撰寫七卷本《中國繪畫：大師與法則》。杜甫有詩曰："轉益多師是汝師。"高居翰得其道也。

喜龍仁教授對高居翰甚為器重，在此之後，曾推薦高居翰作為史基拉出版社系列叢書《亞洲藝術瑰寶》中的《中國繪畫》的作者。此書獲得空前成功，英、法、德、中譯本相繼刊行，且不斷再版，成為西方人士學習中國美術史的重要入門書籍。

出道便獲成功的高居翰在研究中國藝術的業界立即打開了局面，緣此又結識了旅居紐約的中國收藏大家王季遷。

這位王季遷在圈內絕非等閒人物，曾拜吳湖帆為師，擅書畫、精鑒藏，1906 年出生，比高居翰整整大了 20 歲，號稱海外收藏界的魁首。

正是在王季遷的陪同下，1959 年，高居翰去了中國台灣。在台灣，高居翰見到並結識了中國畫大師張大千等眾多業內高人，而最大的收穫是以美國研究學者的身份，在台中看到了被從大陸帶到台北故宮博物院的幾乎所有藏品，並拍攝了大量圖片。這為他一生的學術研究，從實際的資料積累到意識層面的信念堅持與支撐，可以肯定地說起到了決定性的作用。

然而，在他事業上如此成功意氣風發的同時，一個巨大的困惑與不可知，像一座橫亘在他面前的高山，令他沒有任何逾越的辦法，百思而不得解，完全束手無策。這便是他已經全身心地迷戀上中國藝術，卻由於當時的中美關係沒有解凍而無法前往中國，令學界人士對他的業績無法建立起權威的認同。這對一位研究中國文化的專業學者而言，簡直是一個荒唐透頂的大笑話。

吉人自有天相，機會來了，隨著1972年尼克松訪華成功，堅冰被打破。1973年，高居翰隨第一批美國考古學者代表團來到了中國，其內心的喜悅自不必說，因為他研究的領域被徹底打開了，研究的天地足夠他放馬馳騁而無所羈絆，這對他個人的學術追求而言，簡直就是一種心靈與意識上的徹底解放。

高居翰女兒莎拉在談及父親時說到"我父親晚年親口對我說過，《止園圖冊》是他研究中國藝術的高潮。"

高居翰一生研究的中國古代藝術命題無數，為什麼他自己要把"止園"研究定為高潮，何以見得？

三

高居翰這位美國學者的研究方法與學術追求，在潛意識中竟然與大偵探福爾摩斯暗合，完全可以等量齊觀而不遜色。

從高居翰第一眼見到《止園圖冊》時，他就斷定，這不是一組中國畫家天才爆發的藝術創作，因為中國古代畫家的最大特點是強調胸中丘壑山川，夢裏亭閣樓台，虛構意境創作出大量精美絕倫的寫意繪畫。

但是這二十幅一套的《止園圖冊》絕對不是，這肯定是一座歷史上真實的園林，他決定不僅要研究這組《止園圖冊》的藝術成就，更要找到這座真實的園林。然而當他在學術界公佈了這一想法之後，卻遭到了業內人士的普遍質疑，甚至一些名教授也對此不屑一顧，認為這是天方夜譚，完全不現實的夢裏奢望。

徐悲鴻曾有句名言："獨持偏見，一意孤行。"

高居翰是其人也！唯其如此，反倒更加激發了高老夫子不到黃河心不死的決心！於是這位天賦異稟的美國學者便堅韌不拔地踏上了用畢生精力尋找中國"止園"的漫長旅途。

人類歷史中任何成功者都非一蹴而就，各種難以想像的複雜與艱難必定接踵而來。

現在就讓我們看看高居翰因為"止園"研究都遇見了什麼？又做了什麼？

20 世紀 70 年代初，高居翰了解到美國紐約大都會博物館計劃建造一座中國庭園"明軒"，作為亞洲部的主體空間。1978 年陳從周先生應邀訪美，協助建造"明軒"。這是中美文化交流中斷二十年後的一件大事，高居翰沒有放過這一天賜的機緣，為了"止園"研究，他想盡辦法，終於見到了陳從周先生。

這兩位人物的見面，是《止園圖冊》研究的一個重要節點。

當陳從周先生看到高居翰手裏的 14 幅止園冊頁圖片時，不禁驚嘆地大加激賞。因為中國明代沒有照相術，所有當時的園林全是木結構，因年代久遠，歲月風化基本不復存在，包括蘇州園林也是後來重修再造，已非當年的原汁原味。

高居翰遇到了知音，其內心的喜悅可以想見。他熱情地把這能找到卻並非完整的 14 幅止園冊頁圖片送給了陳從周先生。

陳從周畢其一生致力於收集歷代的名園史料，終於在 2004 年出版了中國園林史上的扛鼎名著《園綜》。此書開篇便登載了高居翰贈送的 14 幅“止園”圖片，可見《止園圖冊》在中國園林史中的地位。作為圖片的提供者高居翰，自然與有榮焉！

2010 年“止園”的故事又有了突破性的進展。這一年，年過古稀的建築大師梁思成的弟子、北京建築大學建築系教授曹汛在國家圖書館查閱資料，無意之中發現了一套明朝萬曆二十九年進士、官至大理寺少卿的吳亮所著的《止園集》，此集屬海內孤本，共 800 多頁，卷五至卷七為“園居詩”，並有一篇三千字長文“止園記”。詩文描繪的內容與他讀過的陳從周所著《園綜》上開篇便見的《止園圖》完全對應，絲毫不差，這令他大吃一驚。

曹汛馬上把這個情況告訴了他的兩個學生，這是一對年輕夫婦，即將進入清華大學建築系攻讀博士學位的黃曉、劉珊珊。曹汛根據《止園集》內容推斷，《止園圖》絕不止《園綜》上發表的 14 幅，於是囑託黃、劉二人幫忙尋找全套圖冊。

黃曉和劉珊珊沒有讓老師失望，他們在北京三聯書店出版的高居翰著作《山外山》中看到了關於《止園圖》的研究文章，一刻未停連夜給高居翰發了一封郵件。

據黃曉和劉珊珊回憶，當他們把郵件發出之後，心情忐忑，因為他們跟高居翰完全不認識，又是一位美國著名學者，因此他們焦急地等待著回音，會是怎樣的結果？能否順利溝通？完全無法預料……

美國的高居翰先生收到郵件之後的喜悅，用大喜過望來形容毫不為過。多年的堅持與尋覓，無數次為了止園存在與否的真實性與同行學者之間吵得不可開交，幾十年學術生涯片刻沒有放棄的課題，胸中揮之不去的鬱悶之氣，一瞬間蕩然消盡。

此時距離他與陳從周先生的交往已經過去三十多年，陳先生早已成為古人，而他在 84 歲高齡之年終於又和中國的園林學者再次建立了聯繫。

高居翰片刻未停，第二天便發郵件給曹汛和兩位中國青年學者，寄來了全套 20 幅《止園圖冊》複製件，還有歷年收集的園林繪畫圖像，並提議以《止園圖冊》為核心，展開聯合研究，出版一本園林繪畫專著，這是他晚年最重要的心願。

2012 年高居翰與黃曉、劉珊珊合著的《不朽的林泉——中國古代園林畫》由（北京）三聯書店出版了。在寫作過程中，根據當年吳亮“止園記”中的記載，在常州青山門外找到了“止園”的舊址，遺憾的是大部分園址已被開發為商業居住區。

高居翰得知“止園”的現狀十分傷感，在書中的序言裏寫道“如果有足夠的資金、水源、花石等，藉助張宏留下的圖像信息完全可以較為精確地重建止園。”

此後“止園”的故事在業界越傳越廣，2013 年園林學專家沈子炎根據《止園圖冊》用電腦製作成了數字止園模型，並由黃曉發給了高居翰。高居翰十分高興，立即發佈在自己的網站上。該年 8 月，兩位青年學者前往美國專程拜訪前輩高居翰先生，慶祝他 87 歲的生日。高居翰親切地會見了兩位年輕人，滿懷激情地討論關於“止園”研究的新計劃。

2014 年 2 月高居翰永遠離開了人間，他走得十分安詳，因為他完成了一位學人應該做的業績，這是人生圓滿的結局。

故事到此本應該結束，但身在天堂的高居翰沒有就此“罷手”，想必正是他仍在冥冥之中策動著“止園”故事繼續向前發展，預示著更大的驚喜又將出現。

四

2015 年坐落在北京的中國園林博物館要選一座古代園林製成模型，在館內展覽。經專家們的評估推薦，由於《止園圖冊》是權威園林大家陳從周先生認定的中國古代園林第一視覺證據，於是選定將《止園圖冊》製成精雕模型，作為中國古代私家園林代表，與館藏的皇家園林代表“圓明園”模型並列永久展出。

這件“止園”模型由非遺技藝傳承人、微雕大師闞三喜製作，選材多是紫檀、黃花梨等高級的上好木料。黃曉、劉珊珊受邀主持學術監製，以求最大限度還原再現歷史名園。

2017 年，耗時兩年的“止園”模型完成並正式展出。

2018 年 6 月讓所有人更加驚詫到，不可思議的有關止園的奇事，在毫無徵兆的情況下又出現了。

完全是一次常態的博物館界內部交流，宜興博物館館長邢娟女士被安排到中國園林博物館參觀。當走到止園模型前的時候，她看見吳亮的名字，不由停住了腳步，認真細讀人物介紹後，憑著她敏鋭的直覺與深厚的學術積累，立即肯定地做出判斷，向陪同她的該館副館長黃亦工先生説：“這個止園主人吳亮的後人還在呀，還不是小人物呀！是全國政協委員、著名畫家吳歡，吳歡的父母正是現當代藝術大師吳祖光、新鳳霞。他家祖籍江蘇常州府宜興，有九百年文昌閣功名榜記載，有五百年古本家譜明示，所有完整歷史資料都在我們宜興博物館。”

邢娟館長説罷當即打通了吳歡的電話，不多解釋直接對吳歡講：“吳先生我現在中國園林博物館，在這裏發現了您明朝的老宅，因為我今晚要回宜興，請您明天拿著您家譜的十卷本複製件來園林博物館確認一下。”

吳歡被完全搞懵了，還要細問，快人快語的邢娟情急中叫出了家鄉朋友對吳歡的慣稱：“歡爺，跟您説不清，來了就全明白了。明天就來！快點來！”

第二天上午吳歡由助理陪同，抱著帶函套綫裝版的家譜複製件來到了園林博物館，該館的工作人員已恭候多時。因館長出差在外，黃亦工副館長親自接待，一行人先到止園模型前參觀，然後來到貴賓接待室，由吳歡打開家譜，當眾驗明正身。

這套常州府宜興吳氏家譜古本記載了明朝至晚清的吳氏先祖，最後一代是吳歡祖父吳瀛的五位兄弟姐妹。最後一次修訂是光緒年間，吳歡父親吳祖光生在民國，不在譜內。止園主人吳亮的大名白紙黑字赫然在冊。血親垂直，一脈相承，一個五百年未斷的江南文化大族被揭開了塵封的帷幕……

在場所有人先是互相對視，繼而爆發出掌聲。塵世滄桑，五百年歲月光怪陸離，天地人神，波譎雲詭，這個家族歷經多次朝代更替歲月變遷，到如今未曾衰敗反而愈發興旺。遠的姑且不論，近三代以來都是文化藝術界的頂級精英名流，這種情況放眼全國乃至世界也甚是少見。

以畫家吳歡而言，連任三屆全國政協委員，身兼香港文聯副主席、中國辛亥革命研究會常務理事、中國文物保護基金會首席專家等，早已是名揚海外華人世界的"京城才子"。

當時吳歡已經65歲，將奔古稀之年，對於這突如其來的家世狀況仍有些懷疑，難道真有這種事情？怎麼從小到大沒聽家中大人講起過？當他得知此事的研究學者知情人是黃曉、劉珊珊兩位年輕學者時，馬上提出見面的請求。博物館方面答應立即代為聯絡。

此後的第三天是星期六，黃曉、劉珊珊二位年輕博士來到了吳歡家中，話題從美國學者高居翰先生當年發現

《止園圖冊》談起……

當天吳歡就做出決定，立刻準備去美國看望高居翰先生的家人以示感恩，同時去洛杉磯郡立美術館拜觀祖上《止園圖》真跡，馬上買機票，刻不容緩。

2018 年 8 月，吳歡與黃曉、劉珊珊登上了飛往美國洛杉磯的班機。

吳家在海外華人中影響甚大，所到之處皆有親朋好友接應，到機場迎接的是吳家世交後人，美國主流媒體洛杉磯郵報著名記者，也是出自書香名門的任向東先生。

第二天，以洛杉磯華僑界台灣知名教授張敬玨為首，邀集了三十多位華人知名學者為迎接吳歡一行舉辦了一場頗具特色的"派對"。著名詩人徐志摩之孫徐善曾帶全家到場。説起來徐、吳兩家有姻親之雅，徐志摩夫人陸小曼母親吳曼華乃是常州吳家人。吳歡表兄，清朝探花官拜工部尚書、軍機大臣、大收藏家潘祖蔭後人潘裕誠及世交友人也紛紛前來。

第三天，吳歡在黃曉、劉珊珊陪同下，來到了洛杉磯郡立美術館，並與館中中國部主任利特爾，美國知名的中國書畫研究專家進行了專業書畫交流。

吳歡好友，中國知名演員胡慧玲和先生原洛杉磯郡郡長安東諾維奇也應邀前來參加當天亞洲館內的研討會。

當吳歡一行由美方專家陪同進到洛杉磯郡立美術館地下庫房，工作人員從保險櫃中小心翼翼地取出《止園圖冊》一幅幅鋪到長案上時，吳歡被徹底震撼了，看著明朝祖先留下的遺物，看著當年明朝家鄉老宅的舊貌，那種感覺太特殊，太感動，實在是無法言狀。

據吳歡後來回憶，當時他只想到了一個人——高居翰。他要感恩這位美國老學者。他要為高居翰開一個盛大的紀念研討會，總之他要為高居翰做點實事，以此報答這位去世老人對自己家族、對中國藝術奉獻畢生做出的努力。

中國人講有情有義，作為吳氏家族“止園”後人，吳歡唯有感恩！感恩！依然還是感恩！

吳歡在洛杉磯的好友，聯合國國際交流與協調委員會高級項目官員、亞太交流與合作基金會主席蕭武男，著名電影演員唐國強、壯麗夫婦也紛紛前來設宴招待……

緊接著吳歡一行人又飛到了舊金山，徑直前往加州大學伯克利分校的教授別墅，年過九旬的高居翰夫人和女兒莎拉早已經在家中等候。

吳歡恭恭敬敬地給老人鞠躬致意，然後獻上專門為老人創作的書畫作品，並參觀了高居翰當年的工作室……

高居翰先生走了四年，如今他畢生研究的“止園”後人吳歡竟然神奇地來到他的美國家中，如果老人還活著又將是怎樣一番情景？這裏用白居易當年的兩句詩作解，以此釋懷：“令公桃李滿天下，何用堂前更種花。”

吳歡受邀到美國訪問，得到了美國主流報紙洛杉磯郵報的關注，先後以“中美學術交流獲重大成果，發現並認定中國古典私家園林止園”和“中國文化名人吳歡訪美，展開中美合作的文化溯源之旅”為題進行報道，迅速形成國際話題，得到《人民網》《參考消息》《美國華文網》《俄中傳媒》《波蘭網》《意大利僑網》《南非日報》《中國華僑傳媒網》《中非日報》《加拿大好生活》《中外要聞》……等數十家國際媒體的轉播，閱讀點擊量過億，引發熱烈反響。

五

2018 年 12 月，吳歡兑現了他的承諾，邀請高居翰的女兒莎拉及美國十幾位中外學人來到中國，給予最好的禮遇，聯合中國園林博物館、北京林業大學，舉辦了一場規模盛大的“高居翰與止園——中美園林文化國際研討會”。

北京文博界、文化藝術界、相關學術界大批名流、學者到場祝賀並展開學術交流。

依照國際慣例，兩百年以上傳承有序的家族，便自然成為國際上各大學、院校人類文化發展研究機構，無法繞開的話題與個案。吳氏家族不僅有著九百年傳承歷史，而且在政治、經濟、文化等方面都有著輝煌貢獻，是受國際高度關注的中國文化家族。

藝術無國界，當年全由高居翰先生而起，70 年來，演繹了一場中美古今真實的美妙傳奇。此刻若是先生天上有知，必定欣然色喜，與吳氏家族九百年來列祖列宗齊聚一堂，開懷大笑，笑聲正響徹於天宇之間……

吳幼麟

壹　最懂中國畫的美國人

20 世紀 50 年代初，在美國馬薩諸塞州一座博物館的幽暗展廳裏，一個年輕人正在瀏覽展出的中國畫冊。他大學修習的是日語專業，第二次世界大戰結束後，服兵役到日本擔任翻譯。他由此接觸到亞洲的東方藝術，被深深吸引。退役回到美國後，他決定將研究中國書畫作為終生的事業。展廳裏一套 20 幅的冊頁，在他心中喚起一種複雜而奇妙的感覺。這套圖冊繪於明代，與他熟知的經典畫作頗不相同。按照中國傳統的評畫標準，它們既缺乏“巧妙”的構圖，也不具備“精妙”的筆法，但卻營造出奇妙無比的山水空間，令人流連忘返。

這個年輕人叫高居翰，後來成為美國研究中國繪畫的巨擘，給他留下深刻印象的那套冊頁，則是《止園圖冊》。

《止園圖冊》出自 17 世紀的蘇州畫家張宏之手，共有 20 幅，從不同角度再現了一座明代園林盛期的景象。這套圖冊最遲於 20 世紀 50 年代流落海外，《止園圖冊》的傳播與研究歷程，是中外藝術史學史上的一項特殊案例，映射出中國與世界文化交流的複雜性和深入性。高居翰是貫穿始終的靈魂人物。

高居翰被譽為“20 世紀最懂中國畫的美國人”。他早

1-1
高居翰（左一）與美國學者。
高居翰之女莎拉·卡希爾（Sarah Cahill）提供

年師從美國漢學泰斗羅樾（Max Loehr），1956 年協助瑞典藝術史家喜龍仁（Osvald Siren）完成七卷本巨著《中國繪畫：大師與法則》，1958—1965 年擔任華盛頓弗利爾美術館（Freer Gallery of Art）中國部主任，1965—1995 年任教於加州大學伯克利分校藝術史系。1995 年高居翰榮譽退休，被美國大學藝術學會（College Art Association）授予"藝術史教學終身成就獎"，2004 年被評為年度傑出學者（方聞和巫鴻分別於 2013 年和 2018 年獲此殊榮），2007 年又被授予"藝術寫作終身成就獎"。2010 年高居翰被美國史密森學會（Smithsonian Institution）授予"弗利爾獎章"（Charles Lang Freer Medal），是第十二位獲得該項榮譽的學者，此前喜龍仁（第一位）和羅樾（第七位）都曾獲獎，以表彰他們在藝術史領域取得的傑出成就。

在中美文化和藝術交流方面，高居翰具有重要地位。1972 年美國總統尼克松訪華，次年美國成立首個訪華藝術和考古代表團；高居翰作為成員之一，參加了中華人民共和國成立以來中美之間首次重要的文化交流活動。1977 年高居翰以中國古代繪畫代表團領隊的身份，第二次訪問中國，開啟了他與中國的親密接觸，此後他多次來華講學交流。

中國美術家協會副主席、中國美術學院高士明院長讚譽高居翰是"真正愛中國的人"。美國普吉灣大學洪再新教授和中國美術學院圖書館張堅館長稱讚，是高居翰"把他所熱愛的中國繪畫變成一門世界性的學問"，使中國藝術在國際上從邊緣走向中心，獲得世界性的關注。而高居翰則謙遜地將這一成就歸功於中國藝術和整個史學界。1979 年他應哈佛大學邀請發表中國繪畫的系列演講，在開講辭中說道，“今天得以站立此處，個人倍感受寵若驚。我覺得此一光榮不僅僅屬我，而應該歸給整個中國藝術史學界”，是諸多先輩、同僚和學生的共同努力，使中國藝術史“成為一個受人敬重的學科，並且在諾頓講座中佔有一席之地”。

1-2 1973 年高居翰初次訪華，與中國學者合影。莎拉提供

1-3 高居翰與王季遷（中）、張洪（左）合影。莎拉提供

高居翰與王季遷、翁萬戈、張大千、吳冠中等許多中國學者和藝術家都有交往，他常表示自己在這些交往中受益匪淺。或許是為了讓他心愛的書卷和資料能夠來到最渴求它們的讀者身邊，又或者是為了回報他畢生激情的牽繫之處——中國和中國藝術，高居翰晚年將自己的藏書和研究資料悉數捐贈給坐落在杭州西湖畔的中國美術學院，共計圖書 2000 餘冊、幻燈片 3500 多張、圖片 13 500 多幅和系列講座視頻 2 套，建立了“高居翰圖書館”，成為

1-4 1958年高居翰與張大千夫婦合影。上方為張大千題詞：「高居翰先生留念。戊戌十月大千張爰題贈」。莎拉提供

1-5 高居翰的女兒莎拉女士在杭州的高居翰圖書館。劉珊珊攝

他留給中國的一份寶貴遺產。

這份遺產讓高居翰在去世後仍與中國保持著物理上的聯繫。瀏覽高居翰的藏書，能夠深切體會到他對中國藝術關注的廣度與深度，而這也是高居翰對中國藝術研究最重要的貢獻——他極大地拓展了中國藝術所涉及的題材。他這種開疆拓土的學術態度，使許多從前被學者忽略的中國繪畫門類展現在世人面前，其中最重要的，就包括園林繪畫。

貳　園林繪畫的巔峰之作

高居翰的中國園林繪畫研究，以《止園圖冊》及其作者張宏為焦點，他對《止園圖冊》的興趣貫穿其學術生涯的始終。20 世紀 50 年代高居翰在博物館看到完整的《止園圖冊》，他當時不到 30 歲，剛開始修習中國藝術史，致力於理解和吸收中國傳統文化精英的理論和觀點，並依此解讀當時西方人尚知之甚少的文人及文人畫。與吳鎮、倪瓚、沈周、文徵明這些大家相比，張宏只是一個無名小輩；因此，高居翰雖然敏銳地意識到圖中描繪的應是一座真實的園林，但並無精力投入太多關注。

隨著在中國繪畫領域研究的逐漸深入，高居翰越來越認識到《止園圖冊》的特殊地位。1979 年他撰寫中國晚期繪畫研究系列的第三冊《晚明繪畫》，並接受哈佛大學諾頓講座之邀，講授晚明清初的中國繪畫。晚明正是張宏創作《止園圖冊》的時代。已過“知天命”之年的高居翰，思想發生了很大變化。他開始有意識地從“那些既傳統、且已廣為人所認定的中國思考模式中抽離出來”，重新評價中國畫家的藝術成就。張宏由此再次進入他的視野，《止園圖冊》則被他選為體現晚明繪畫“充滿了變化、活力與複雜性”的時代精神的典範之作。

高居翰的哈佛諾頓講座採用中國的世界觀——陰陽二元論來切入中國繪畫：一端是在繪畫中追尋自然化的傾向，另一端則是趨向於將繪畫定型。這兩股力勢互相激蕩，衍生出其他諸流，直到“萬物”形成。這是一種極具想像力又充滿詩意的宏大結構，高居翰以張宏作為前者的代表，董其昌作為後者的代表，兩人共同奠定了這一二元結構，並構成前兩講的主題：一是“張宏與具象山水之極限”，二是“董其昌與對傳統之認可”。將此前名不見經傳的畫家張宏，與有“集大成”之譽的董其昌相提並論，甚至置於董其昌之前，高居翰的此一論斷可謂新奇而大膽。

高居翰注意到中國山水畫有表現特定實景的一派，張宏正是此派的卓越傳人。早期魏晉的山水畫根源於對特定實景的描繪，到五代和北宋一變而為體現宇宙宏觀的主題，但仍能看到不同山水的地理特性，於是有關中的范寬風格、南京的董源風格、山東的李成風格。元代趙孟頫的《鵲華秋色圖》、黃公望的《富春山居圖》、王蒙的《具區林屋圖》，雖然與實景差別較大，但仍可確認它們與所繪風景之間某種確切而重要的關係。進入明代，對地方風景的描繪成為蘇州畫家之所長，沈周和文徵明等繪畫大家都致力於表現蘇州內外的名勝古跡。這類作品的暗示性超過描寫性，景致間的距離往往被壓縮或拉伸以順應繪畫風格的要求，主要藉助知名的寺廟、橋樑和寶塔等標誌性景觀，喚起觀者對歷史、文學和宗教的聯想，這些繪畫由此超越了對景物的再現，而成為意義的載體。

2-1（五代）李成《晴巒蕭寺圖》，美國納爾遜美術館藏

2-2
（元）王蒙《具區林屋圖》，台北「故宮博物院」藏

張宏的具象山水既植根於這一脈絡，又做出了重要突破：一是他描繪的未必是著名景致，因此觀者無法藉助熟悉的景物，而必須通過圖畫喚起身臨其境的體驗；二是張宏的筆法和構圖，常有推翻成規之勢。高居翰列舉張宏的《棲霞山圖》作為代表，指出傳統山水畫裏的樹木一般謙立一旁，以不遮掩視綫為原則，《棲霞山圖》的樹叢卻掩映住山腰的輪廓，觀者必須先穿過樹叢方能找到通往寺廟之路。如此忠實地再現視覺經驗，以至於犧牲了主題和構圖的明晰性，在傳統繪畫裏極為罕見。通過將觀察自然的心得融入作畫過程中，張宏創造出一套表現自然形象的新法則，這些都突出地體現在《止園圖冊》中。

高居翰將宋代以來的中國繪畫史，視作一系列文字型畫家（Word-men）與形象型畫家（Image-men）之間對抗的歷史，蘇東坡、趙孟頫、董其昌代表了前者，張擇端、李嵩、張宏代表了後者。雖然自元代以來忠實摹寫視覺所見便一直遭到主流話語的貶抑，但摹寫物象永遠是繪畫最基本的特徵，若不能以形寫神，得神忘形就只是空談。張宏選擇了以具象再現作為創作宗旨，通過將觀察自然的心得融入作畫過程中，創造出一套表現自然形象的新法則。在《止園圖冊》中，張宏將綫條與類似於點彩派的水墨、色彩結合起來，形象地描繪出各種易為人感知的形象。圖中瀲灩的池水、崢嶸的湖石以及枝葉繁茂的樹木，使他筆下的景致具有了一種不同於西方透視畫卻又超乎尋常的真實感。

高居翰打過一個風趣的比方。他請觀者想像，假如自

2-3 （明）張宏《棲霞山圖》（局部），台北「故宮博物院」藏

己是一名園林專家，在阿拉丁神燈的幫助下，獲允帶上相機，跨越時空，回到一座古代園林中。觀者可以從任何角度隨意拍攝彩色照片，但有一個限制，狡猾的燈神在相機裏只放了 20 幅膠片。此時，你會如何記錄這座園林呢？

張宏這套圖冊猶如現代的相機記錄，他拋棄了文人山水畫的傳統原則，甚至連冊頁的常規手法也未予理會。第一幅圖畫，張宏從今天用無人機才能拍攝到的視角，描繪了整座園林的鳥瞰全景。其後的 19 幅圖畫，則如同在園中漫步一般，沿著特定的遊綫拍攝照片，記錄下一系列連續的景致；這些圖畫，某些有居中的主景，某些則辨不出主景，而是描繪了景致間的關係。整套圖冊通過精心的編織，使各圖景致都能與全景圖的相關區域對應，這樣當它們合在一起時，既能從全域上，又能從細節上再現整座園林。

需要強調的是，《止園圖冊》並非僅僅是框選景致並將它們如實畫下。同所有畫家一樣，張宏也要經過剪裁和取捨。張宏與傳統畫家都是從自然中擷取素材，在這一點上他們並無不同。兩者的分歧在於：後者讓自然景致屈服於行之有年的構圖與風格，張宏則是逐步修正那些既有的成規，直到它們貼近視覺景象為止。由於他用心徹底，成果卓著，最終使得其原先所依賴的技法來源幾乎變得無關緊要。觀者的視界與精神完全被畫中內容吸引，渾然忘卻技法與傳統的存在。跟董其昌的“無一筆無出處”相比，張宏選擇了一條相反的道路，由此出發，開拓出中國繪畫新的可能性。

2-4
高居翰在止園全景圖上標注的各分景位置圖（一九九六年）

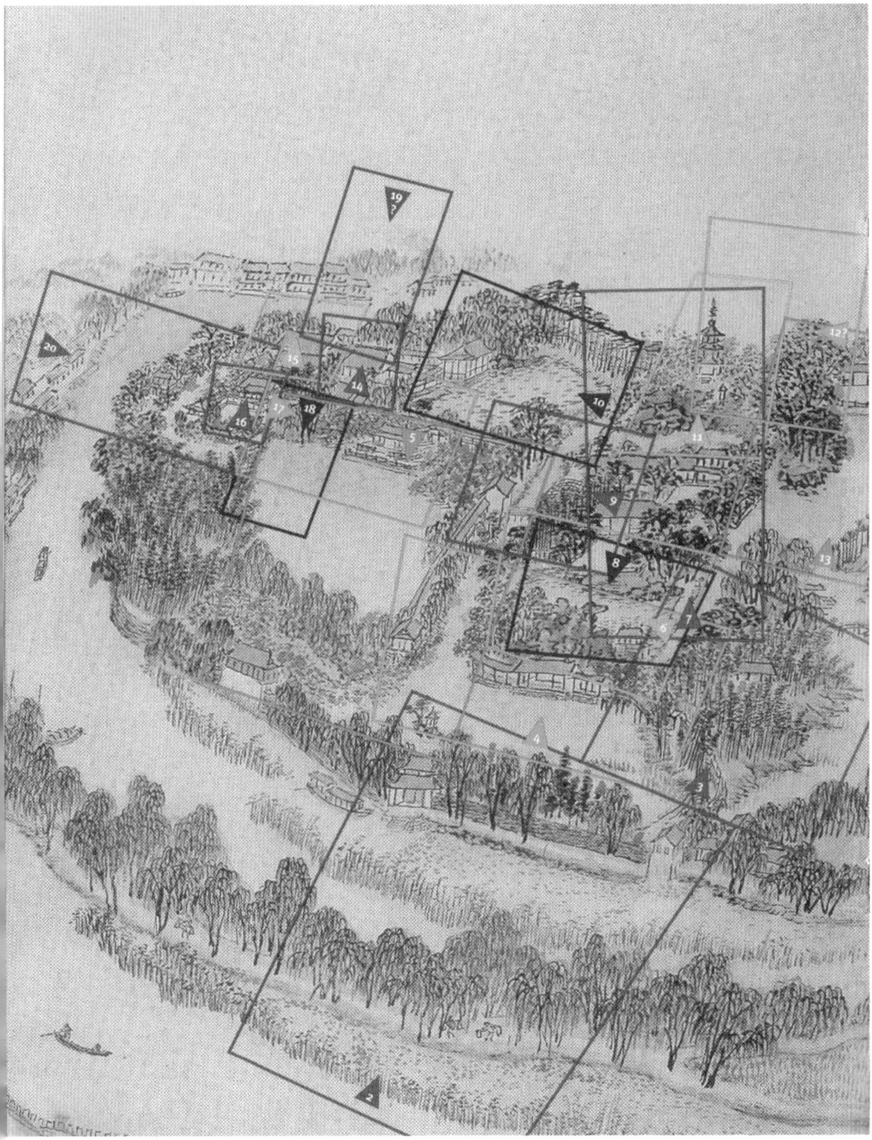

那麼，《止園圖冊》的獨特價值體現在哪裏呢？

數量繁多，類型豐富，是明代園林繪畫趨於成熟的重要標誌。高居翰按照表現形式，將中國傳統的園林繪畫分為三類：一是描繪單獨各景的冊頁，二是描繪連續景致的手卷，三是描繪園林整體的單幅。這種分類兼顧了繪畫和園林兩種藝術的特點，三類繪畫分別對應體驗園林的三種方式。

第一種冊頁可以散置，也可以合裝成冊，頁數多取雙數，與中國園林圍繞一系列景點進行組織的方式相近；通常每幅集中描繪一景，如亭榭、池塘、假山等，景致間的聯繫被淡化，營造出遺世獨立之感；畫面一角或對頁通常會題寫富有詩意的景名，使觀者可以專注地單幅欣賞。

2-5
（明）杜瓊《南村別墅圖》之「蕉園」「來青軒」，上海博物館藏

2-6（明）孫克弘《長林石几圖》，舊金山亞洲藝術館藏

第二種手卷畫幅一般不高，多為 30~50 厘米，但往往很長，可達數米甚至數十米，方便拿在手上或置於案頭展閱，與中國園林“步移景異”的體驗方式相合，逐漸展開的畫面宛如園中次第出現的場景，沿著行進路綫將前後景致連續展示出來。

第三種單幅通常懸掛在牆上欣賞，採用較高的俯瞰視角，如地圖般描繪出園林全景，彷彿畫家帶領觀者來到園林附近的高地上，從那裏指點觀看，園中的一切都歷歷在目。

這三類繪畫，體現了古代畫家為表現園林景致所作的探索。三者各有優點和局限：冊頁是精心選擇的景致集萃，構圖精緻，要素凝練，但無法展示景致間的相互關

2-7
（清）吳宏《柘溪草堂圖》，南京博物院藏

係；手卷將前後各景串聯起來，形成連續的觀賞體驗，但橫長的畫面扭曲了園林空間；單幅將園林全域相對準確地描繪出來，有助於觀者做整體的把握，但缺少重點景致的細膩表現。

明代興盛的造園活動為畫家提供了創作園林繪畫的大量機會，他們對各類繪畫的優缺點顯然深有體會，不斷嘗試突破與融合的可能。張宏《止園圖冊》是一次非凡的嘗試，發揚了三類繪畫的優點，成功突破了各自的局限。

《止園圖冊》屬冊頁，卻在繼承冊頁傳統的基礎上，融合了手卷和單幅的優點：既像冊頁那樣描繪了各處景致，又像手卷那樣保持了前後景致的連續性，並有單幅全景描繪了止園的全貌。

先看《止園圖冊》對冊頁本身特點的繼承和發揚。園林冊頁通常聚焦於特定的景致，進行細緻入微的刻畫，追求“幅幅入勝”。《止園圖冊》第四開“懷歸別墅”、第七開“水周堂”、第九開“柏嶼水榭”、第十開“大慈悲閣”、第十二開“梨雲樓”、第十四開“華滋館”、第十八開“真止堂”，都將畫面聚焦於特定的場景，它們大多以某一座建築為主角，將其置於畫面中央，圍繞建築安排其他景致。這恰與計成《園冶》論述的園林設計原則相合：“凡園圃立基，定廳堂為主。先乎取景，妙在朝南。”圖中的這些建築都是各區的主景，它們主宰著各自的景域，面對最好的風景，並且基本都朝向南方，滿足生活起居的需要。

2-8
（明）張宏《止園圖冊》第四開「懷歸別墅」，洛杉磯郡立美術館藏

再看《止園圖冊》對手卷特點的融合。傳統冊頁一般是各自獨立的，主要供單獨欣賞，但《止園圖冊》各幅的景致卻前後銜接，吸取了手卷連續展開的優點，宛如一套連環畫。比如第四開“懷歸別墅”，畫面上方三分之一處是臨水的別墅，園主和童子在堂內憑欄而立，兩側伸出遊廊。在這處主景之外，另有三處配景，分別引向其他景域：第一處是圖右緊依水池的小路，路旁青竹森森，南北

2-9 （明）張宏《止園圖冊》第三開「鶴梁與宛在橋」

各有一座木橋，這部分為第三開“鶴梁與宛在橋”的主景；第二處是別墅背後的假山，僅描繪出朦朧的輪廓，為第五開“飛雲峰”的主景；第三處是圖左與北側長廊相連的東西向水軒，將在第十五開“桃塢”再次出場。這樣一來，“懷歸別墅”便與其他三幅繪畫關聯起來。《止園圖冊》的每一幅都具有這種特點，從而使整套冊頁建立起深度有機的相互聯繫，構成彼此呼應的整體。

2-10 （明）張宏《止園圖冊》第五開「飛雲峰」

最後來看《止園圖冊》與單幅繪畫的結合。圖冊開篇是一幅全景圖，採用較高的鳥瞰視角，如單幅圖畫一般，展示了園林全景。止園東、中、西三路的佈局，池沼縱橫的水系，分佈在各處的建築，以及園外的長堤和城樓，均一覽無遺。“止園全景圖”的景致能夠與各分景圖一一對應，如東路中部的水周堂、北部的大慈悲閣，中路的梨雲樓，西路的華滋館，都可以在圖中確定位置。這幅全景圖

提供了一份景致索引，對應的景致在分景圖中有更細緻的刻畫，二者的關係如高居翰形容的那樣，“好像是（畫家）帶著一個矩形取景框在園林上空移動，不斷從一個固定的有利視角，將取景框框住的景致描繪下來”。

2-11 （明）張宏《止園圖冊》之全景與分景對應關係

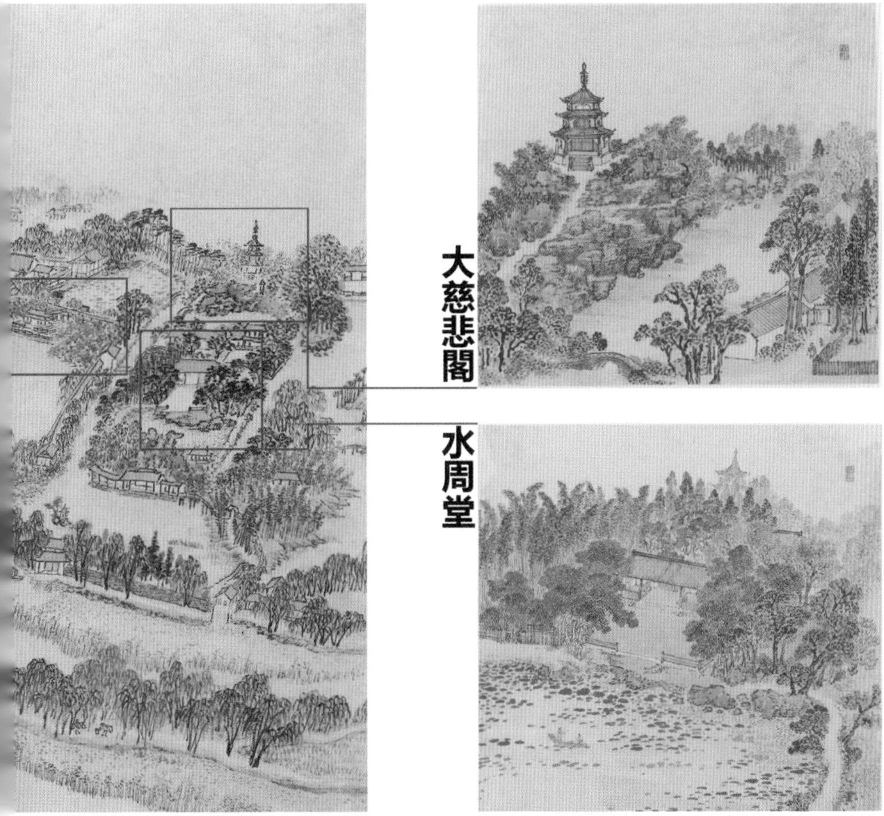

張宏《止園圖冊》融合了冊頁、手卷和單幅三者的優點，既描繪了多處特定的景致，又藉助景致的重疊將前後冊頁聯繫起來，並通過全景圖來統攝各幅分景圖，三種繪畫形式配合無間，使整套圖冊成為一個有機整體，成為一套園林繪畫的集大成之作。

高居翰對張宏的成就評價極高，稱讚他的畫是中國繪畫“描述性自然主義”的高峰，《止園圖冊》是園林繪畫的巔峰之作。然而，張宏筆下的止園是否真的存在呢？高居翰曾多方搜求考證，但始終無法確定止園的主人是誰。如果止園只是一座畫家想像的園林，《止園圖冊》並非根據實景創作，那麼高居翰基於這套圖冊展開的理論建構，就不過是缺乏根基的空中樓閣。

2-12
《止園圖冊》第八開中的「鴻磐軒」與「大慈悲閣」

叁　中美學者的接力追尋

高居翰深信《止園圖冊》所記錄的是一座歷史上的真實園林。但與蘇州拙政園、無錫寄暢園這些有幸保存至今的園林不同，止園早已湮沒在歷史長河中。高居翰既不知道止園的主人是誰，也無法確定止園的位置，學者和公眾又深受中國繪畫崇尚寫意、不重寫實的影響，因而他的觀點也就難以令人信服。

20 世紀 70 年代高居翰決定研究《止園圖冊》時，主要面臨兩項困難。一是當時這套圖冊已被拆散，分藏在德國和美國的美術館和私人手裏。他只能看到景元齋和柏林東亞藝術博物館的 14 幅，另外 6 幅則秘不示人，不易接觸。《止園圖冊》20 幅是一個整體，無法看到整套圖冊，限制了將它們作為一座園林完整記錄的研究。

另一重更大的困難是當時中美之間的文化交流很少，他無法前來中國考察園林，只能通過日本園林來想像。而且，在美國研究中國的園林畫，既難以查閱中國收藏的豐富資料，也沒有機會與中國的園林學者對話。基於對中國繪畫和畫家的熟悉，高居翰查到蘇州畫家周天球（1514—1595）號止園居士，周天球的《蘭花圖》上鈐有“止園居士”印，張宏也是蘇州畫家，因此高居翰推測止園或許是周天球的同名庭園。但由於缺少其他佐證，這只能作為推測，無法坐實。

20世紀70年代是中美關係發展的關鍵時期。1972年美國總統尼克松訪華，在北京停留七天，被稱為"改變世界的一週"，中美關係得到了極大改善，中美學者也逐漸恢復了接觸。除了著名的"乒乓外交"，這一時期美國對中國的園林也產生了興趣，紐約大都會美術館希望建造一座中國庭園"明軒"，作為亞洲部的核心空間。1978年陳從周應邀前往紐約，協助建造"明軒"，這是中美園林文化交流史上的一樁大事。高居翰正是在這一時期遇到陳從周，有機會與中國園林學者討論《止園圖冊》，並將部分冊頁複印件贈送給陳從周。

1984年高居翰在寫給敦巴頓橡樹園（Dumbarton Oaks）的信中寫道：中國首席園林專家陳從周來美時，我給他看了《止園圖冊》，他非常激動，"稱讚畫中園林是中國園林鼎盛時期的精彩傑作。畫冊本身則是對這座園林的最佳視覺呈現，屬極寶貴的同期證據。"

當時敦巴頓橡樹園正在籌辦一場明代園林研討會，高居翰提議邀請陳從周參加。他希望與陳從周合作撰寫一篇論文，從繪畫和園林兩種學術角度探討《止園圖冊》。遺憾的是，由於當時中美之間通信不暢，美方只能通過使館輾轉進行聯絡。美方發出的多封信函都沒有收到回覆，未能聯繫到陳從周。當時在美國的中國園林研究者人數寥寥，儘管高居翰數次熱心協助組織，終未能促成這場國際研討會。高居翰只好繼續獨自研究《止園圖冊》。

3-1

紐約大都會美術館明軒庭園。

WestportWiki 攝影

3-2 高居翰寫給橡樹園負責人的信件

UNIVERSITY OF CALIFORNIA, BERKELEY

BERKELEY • DAVIS • IRVINE • LOS ANGELES • RIVERSIDE • SAN DIEGO • SAN FRANCISCO   SANTA BARBARA • SANTA CRUZ

DEPARTMENT OF HISTORY OF ART
405 DOE LIBRARY

BERKELEY, CALIFORNIA 94720

March 5, 1984

Dr. Elisabeth B. MacDougall
Director of Studies in the History of Landscape Architecture
Dumbarton Oaks
1703 32nd st. N.W.
Washington, D.C. 20007

Dear Dr. MacDougall:

I was interested to learn from your letter of February 14th about the planned symposium on Ming dynasty Chinese gardens in May of next year. Such a symposium will indeed be timely--there have been several books on the subject lately, and a lot of interest.

Yes, I will be happy to take part and give a paper. I have, in fact, been waiting for an opportunity (and some impetus) to do a small study of an important album of twenty paintings of scenes of a garden, done by the artist Chang Hung in 1627. I have written briefly about this garden in a paper for a Library of Congress symposium and in my recent book on late Ming painting, but some leaves of the album have recently become accessible (it is divided among four owners at present) so that the whole can be studied, and it deserves such serious treatment. Mr. Chen Congzhou, the leading Chinese authority on gardens (I think), to whom I showed some leaves and photographs of others when he was here, was quite excited and described it as the best visual evidence we have for a great garden from the greatest period of the Chinese garden.

Chen himself said he would like to study the album, and it might be that I would be able to incorporate some of his findings with my own (he has access to materials not available to me, besides having vastly more knowledge of the subject) and present the paper as co-authored. Perhaps he will be there, if Wen Fong is helping you with the symposium, since Wen has worked with him and knows him well. I myself would deal with the plan of the album more than the plan of the garden, since I am not a specialist in the latter. And perhaps bring in other Chinese garden paintings for comparison.

Sincerely,

James Cahill
Professor, History of Art

1996 年，高居翰聯合洛杉磯郡立美術館和柏林東亞藝術博物館，舉辦了名為“張宏《止園圖冊》——再現一座 17 世紀的中國園林”的展覽。他與策展人李關德霞（June Li）找齊了 20 幅《止園圖冊》，並為展覽撰寫了專文，這是它們被拆散近 50 年後首次完整呈現在世人面前。這次展覽讓人們認識到《止園圖冊》各幅之間的密切聯繫，失去任何一幅，都會極大地破壞這套圖冊的完整性。展覽結束後，高居翰協助洛杉磯郡立美術館購買到私人收藏的 12 幅冊頁，其他 8 幅藏在柏林東亞藝術博物館。自此，20 幅冊頁全部歸公立機構所有，學者和公眾能夠便利地接觸到。

由於中美之間文化信息交流的滯後，這次展覽在中國沒有引起太多關注。但獲得高居翰的贈圖後，陳從周一直保持密切的關注。陳從周畢生致力於收集中國的名園史料，最終編成《園綜》一書，收錄了歷代的 322 篇園記，是研究中國園林最重要的文獻集成之一。在《園綜》開篇，陳從周刊登了高居翰贈送他的 14 幅《止園圖冊》黑白圖片，這是《園綜》收錄的唯一一套園林影像，可見它們在他心目中的地位。

《園綜》在 1995 年已編撰完成，卻因種種原因耽擱下來，直到 2004 年才出版。這一蹉跎，讓《止園圖冊》與中國園林學者的相遇又晚了十年。《園綜》是學者研習中國園林的必備圖書。每當人們翻開此書或閱讀餘暇，展看玩味書前的《止園圖冊》時，不免會被勾起一絲好奇：這套神秘的圖畫描繪的是哪座園林？圖中的景致藏著怎樣的玄機？

3-3 1996年洛杉磯郡立美術館「張宏《止園圖冊》展」圖錄

2010 年，園林學家曹汛在中國國家圖書館發現吳亮《止園集》，是國內的孤本。他立刻將《止園集》與在《園綜》上看到的《止園圖冊》聯繫起來。《止園集》共 800 多頁，卷五至卷七為“園居詩”，有《題止園》《真止堂》等數百首詩，卷十七有一篇長達三千字的《止園記》。曹汛細緻比對書中的詩文和圖冊，判定止園的主人正是文集的作者吳亮，《止園圖冊》描繪的止園位於吳亮家鄉——江蘇常州。

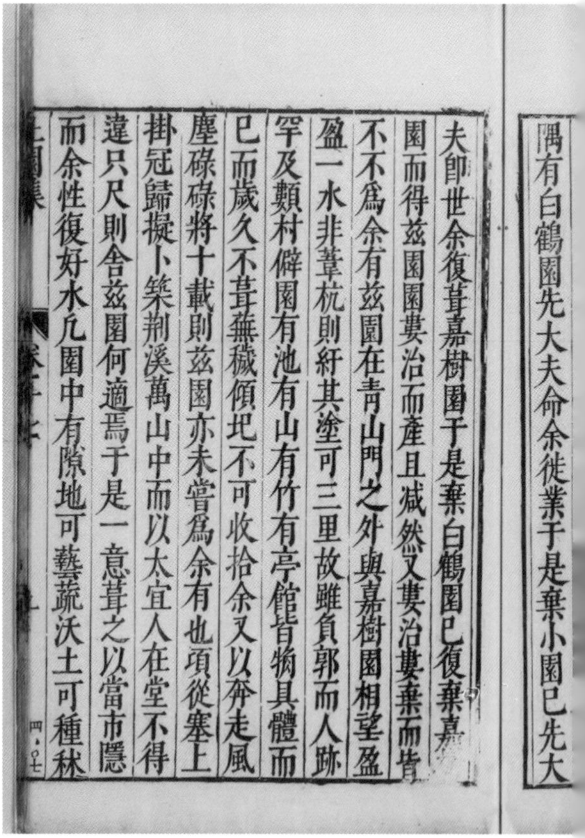

隅有白鶴園先大夫命余徙業于是棄小園已先大

夫卽世余復葺嘉樹園于是棄白鶴園已復棄嘉
園而得茲園園婁治而產且減然又婁治婁棄而皆
不不爲余有茲園在青山門之外與嘉樹園相望盈
盈一水非葦杭則紆其塗可三里故雖負郭而人跡
罕及頮村僻園有池有山有竹有亭館皆物具體而
已而歲久不葺蕪穢傾圮不可收拾余又以奔走風
塵碌碌將十載則茲園亦未嘗爲余有也頃從塞上
掛冠歸擬卜築荆溪萬山中而以太宜人在堂不得
違只尺則舍茲園何適焉于是一意葺之以當市隱
而余性復好水凡園中有隙地可藝蔬沃土可種秋

3-4
吳亮《止園集》書影之《止園集自敘》和《止園記》

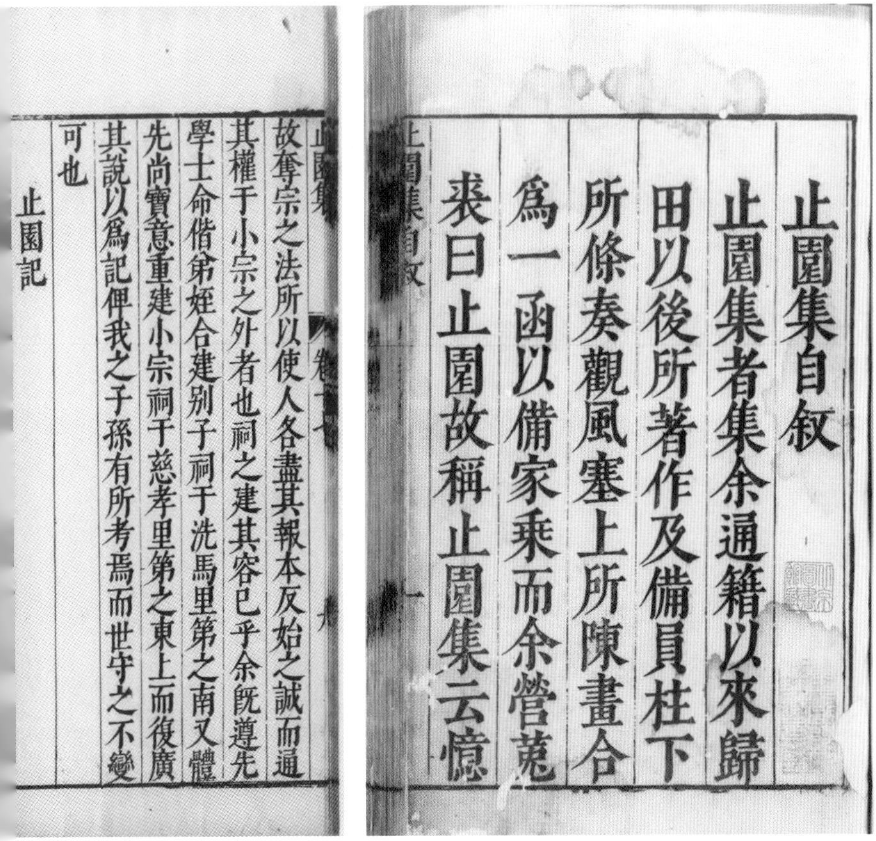

止園集自敘
止園集者集余通籍以來歸
田以後所著作及備員柱下
所條奏觀風塞上所陳畫合
爲一函以備家乘而余營菟
裘曰止園故稱止園集云億

止園集自敘　一

止園集　卷七

故奪宗之法所以使人各盡其報本反始之誠而通
其權于小宗之外者也祠之建其容已乎余既遵先
學士命偕弟姪合建別子祠于洗馬里第之南又體
先尚寶意重建小宗祠于慈孝里第之東上而復廣
其說以爲記俾我之子孫有所考焉而世守之不變
可也

止園記

曹汛師從梁思成先生，是中國建築史、園林史學界的權威，曾發表論文數百篇，其中《略論我國古代園林疊山藝術的發展演變》《略論我國古典園林詩情畫意的發生發展》，以及他對計成、張南垣、葉洮和戈裕良等造園名家的論證，都是園林研究的經典之作。曹汛以擅長攻解學術難題和考斷無頭公案著稱，他能發現止園的新綫索，與其數十年的深厚積澱密不可分。曹汛稱讚《止園圖冊》的藝術水平很高，他根據園記內容推斷，這套圖冊絕不止 14 幅，希望能看到全部作品，囑託我們幫忙留意，並提議直接與高居翰郵件聯繫，詢問圖冊的信息。

高居翰聽聞尋得止園園主的消息非常欣喜。他回信説，雖然《山外山》和《氣勢撼人》寫於多年以前，但他從未停止對止園的關注。園記的發現實在是一件令他興奮的事情，如果有研究需要，他很願意提供完整圖冊的電子文件。一個月後高居翰給我們寄來他多年搜集的資料，提議以止園為核心聯合展開研究，撰寫一部園林繪畫著作。2012 年，《不朽的林泉》由北京的三聯書店出版，成為國內外首部探討園林繪畫的學術專著。

通過這次合作研究，止園逐漸顯露出真面目。2011 年，我們根據園記、園圖和現場地形，確定了止園在常州的具體位置。吳亮《止園記》提到止園位於常州青山門外，《止園圖冊》描繪了城門和城牆，我們在地圖上順著城門舊址搜尋，發現《止園圖冊》描繪的河道輪廓依然保存在城市肌理中。

遺憾的是，大部分園址已被開發為商業居住區，僅保留下一部分濱河公園。高居翰曾經暢想發現遺址後，"如果有足夠的資金、水源和花石等，藉助張宏留下的圖像信息，完全可以較為精確地重新構築止園"。他遺憾地表示，這一願景或許只能保存在一個不合時宜的老人心中，古老的詩意園居也很難重現。

然而高居翰播下的種子已經落地生根。《不朽的林泉》出版後，激發了國內外對於園林畫這一課題的全新關注。2015 年，中國園林博物館選定止園製作精雕模型，作為明代江南私家園林的代表，與館藏的清代北方皇家園林的代表——圓明園模型並列。

止園模型由國家級非遺技藝傳承人闞三喜大師製作，長 5.4 米，寬 4.4 米，採用紫檀、黃花梨、青田石等珍貴材料製成，幾乎佔據了中國園林博物館的一個展廳。我們受邀主持學術研究，以求最大限度地忠實再現這座歷史名園，完成了從繪畫向園林的回歸。

3-5 止園精雕模型。中國園林博物館藏

肆　明代文人的造園精品

止園所處的晚明，是中國文人造園的極盛時期。止園作為明代文人的造園精品，是繼文壇領袖王世貞的弇山園之後，中國造園史上一座新的里程碑。下面我們就用一點筆墨，從專業視角來鑒賞這座精品名園。

再造桃花源

止園的名字取自陶淵明著名的《止酒》，詩曰：

居止次城邑，逍遙自閒止。坐止高蔭下，步止蓽門裏。
好味止園葵，大歡止稚子。平生不止酒，止酒情無喜。
暮止不安寢，晨止不能起。日日欲止之，營衛止不理。
徒知止不樂，未知止利己。始覺止為善，今朝真止矣。
從此一止去，將止扶桑涘。清顏止宿容，奚止千萬祀。

這首詩一共 20 句，標題和各句都含有“止”字，風格獨特，言詞詼諧，表現了陶淵明一貫的曠達和幽默。晚明詩人張自烈（1597—1673）稱讚此詩：“錯落二十個‘止’字，有奇致。”

這首詩得到歷代文人的追捧，效仿之作迭出不窮。宋代有梅堯臣（1002—1060）的《擬陶潛止酒》，蘇軾（1037—1101）的《和陶止酒》，蘇轍（1039—1112）的《次韻子瞻和陶公止酒》，劉一止（1078—1161）的《家姪季高作詩止酒戲賦二首》，薛季宣（1134—1173）的《止齋和七五兄次淵明止酒詩韻》，楊萬里（1127—1206）、張栻（1133—1180）、辛棄疾（1140—1207）都有《止酒》詩。陳與義（1090—1139）有一首《諸公和淵明止酒詩因同賦》，可知宋人還經常聚在一起共同唱和此詩。

在吳亮所處的明代，《止酒》詩同樣廣受歡迎：一代文宗李東陽（1447—1516）有《體齋止酒用陶韻因疊韻問之》與《答楊太常止酒用陶韻二首》，分別是跟朋友傅瀚（1435—1502）與楊一清（1454—1530）唱和，吳儼（1457—1519）的《國賢示和陶止酒詩因次其韻》是與朋友邵寶（1460—1527）唱和，還有劉嵩（1321—1381）的《續止酒篇》和孫承恩（1481—1561）的《和陶靖節止酒》等，不勝枚舉。

吳亮自號“止園居士”，他的《題止園》稱“陶公淡蕩人，亦覺止為美”，止園正廳真止堂取自《止酒》的“今朝真止矣”，坐止堂取自《止酒》的“坐止高蔭下”。他不僅用詩文，而且用整座園林向陶淵明致敬，可謂別出心裁。不僅如此，吳亮有 11 個兒子，長子吳寬思號眾止，次子吳柔思號徽止，三子吳恭思號安止，四子吳敬思號欽止，五子吳毅思號仁止，六子吳直思號清止，七子吳簡思號明止，八子吳剛思號見止，九子吳疆思號康止，十子吳栗思號實止，十一子吳止思號艮止，每個人的名號都含有“止”字。可見吳亮父子對於“止”的鍾愛。

那麼“止”到底具有怎樣的深意，能夠穿越數千年的時空，勾起陶淵明、吳亮和無數文士的共鳴？

有學者指出，“在《止酒》詩那幽默、諧謔而輕鬆的風格中，蘊蓄著非常嚴肅、正大而崇高的思想意旨，……用 20 個蟬聯而出的‘止’字傳達多元的文化觀念”。陶淵明的《止酒》詩幾乎涵蓋了中國古代“止”義的方方面面，其核心便是融合儒道的“知止”觀。

“知止”是儒道思想的交匯點。儒家經典《大學》開篇曰：“大學之道，在明明德，在親民，在止於至善。知止而後有定，定而後能靜，靜而後能安，安而後能慮，慮而後能得。”“知止”，是為人治學的起點。《老子 · 四十四章》曰：“知足不辱，知止不殆，可以長久。”《莊子 · 德充符》曰：“人莫鑒於流水，而鑒於止水。唯止能止眾止。”以至於晚明儒學大師劉宗周（1578—1645）評論稱：“知止，斯真止矣。真止，斯真聖矣。”中國人以修身養性、治國安家為理想，“止”既是開始的起點，也是希望達到的終點。

以《止酒》詩作為園名的來源，既詼諧幽默、寓意深厚，同時又將止園與吳亮的偶像陶淵明緊密關聯起來。

中國文化發展到晚明，已擁有無比深厚的積澱，成為可供造園汲取不盡的源泉。明人造園時紛紛引借前賢名士的故事或詩文，將數千年的隱逸文化薈萃到一園之中，漫步其間，撫景如對其人，彷彿在展看一幅幅生動的隱逸畫卷。這種意象再現的解釋學式創作，泯滅了古今的時間間隔，園主與古人的精神世界在園中相遇相愜相融，生動詮釋了中國園林作為精神棲居之所的本質。

吳亮止園造景彙集了眾多的前賢名士，園中景致分別指向老子、孔子、莊子、屈原、潘岳、袁粲、仲長統、司馬昱、張九齡、王維、李白、杜甫、王安石、蘇東坡、高啟的詩文或故事…… 他們使整座園林充溢著濃郁的文人氣息。山林與高士，相得益彰。不過，這些人物多與園中的一景或兩景有關。只有一個人物貫穿了止園的始終，託身於諸多景致之間，成為吳亮園居無時不在的陪伴。這個人就是陶淵明。

止園名稱取自陶淵明的《止酒》詩，繼而精選詩情用典，以明晰的主綫串聯起各景，完成全園的敘事建構。止園以入口的柳樹為起點，呼應陶淵明的《五柳先生傳》；再以懷歸別墅和飛雲峰的孤松為承接，呼應陶淵明的《歸去來兮辭》和其中的“撫孤松而盤桓”；進而以梨雲樓和桃塢為轉折，全園的主堂梨雲樓對著象徵桃花源的桃塢；最後是出自《止酒》詩的真止堂、坐止堂和清止堂。這四段景致皆圍繞陶淵明展開，層層推進，同時輔以其他典故，使止園既主旨明確、脈絡清晰，又搖曳多姿、意蘊豐富，儼成一篇匠心獨運的絕妙文章，描畫出一座遠離塵囂的桃花源。

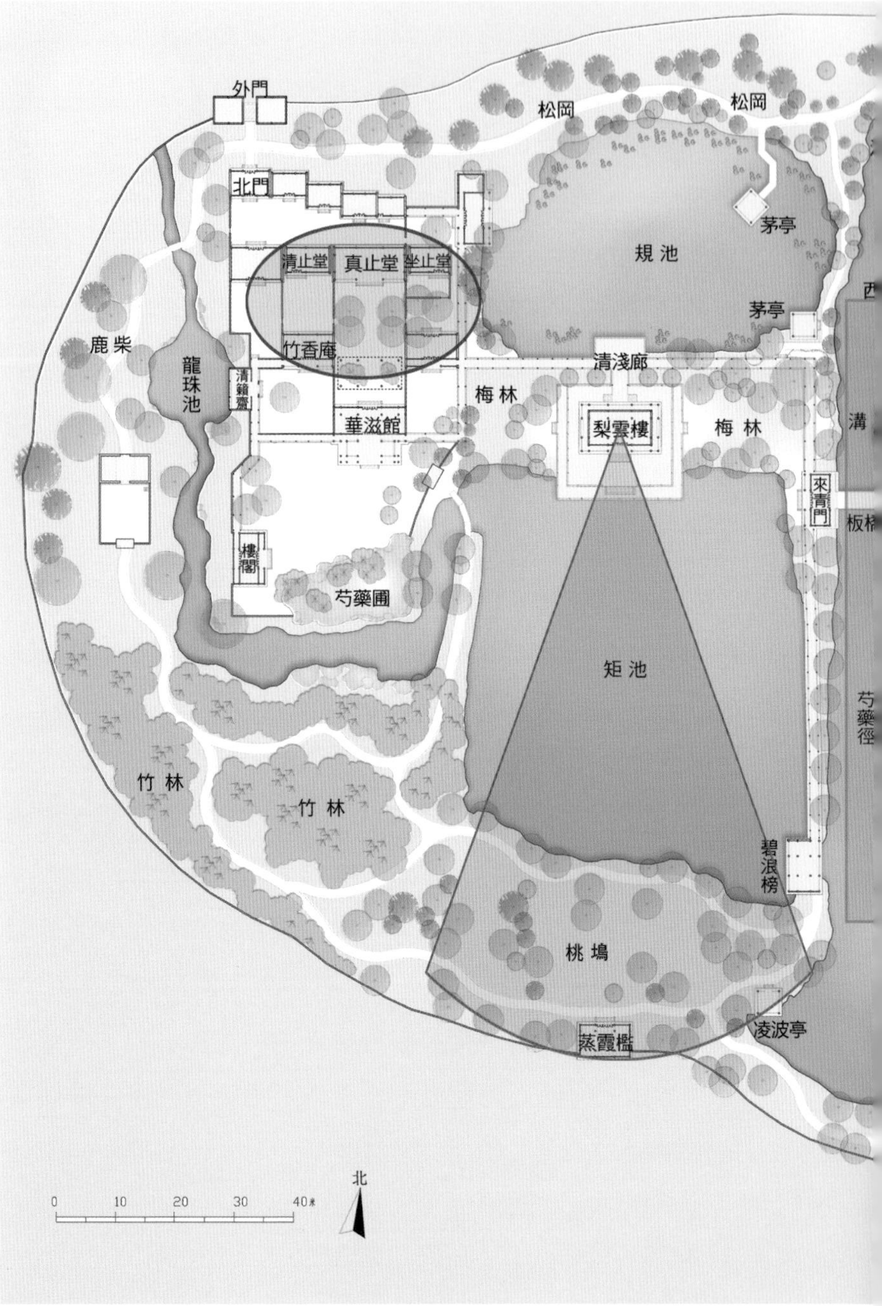

4-1

止園以陶淵明詩文為主綫完成的佈局謀篇。

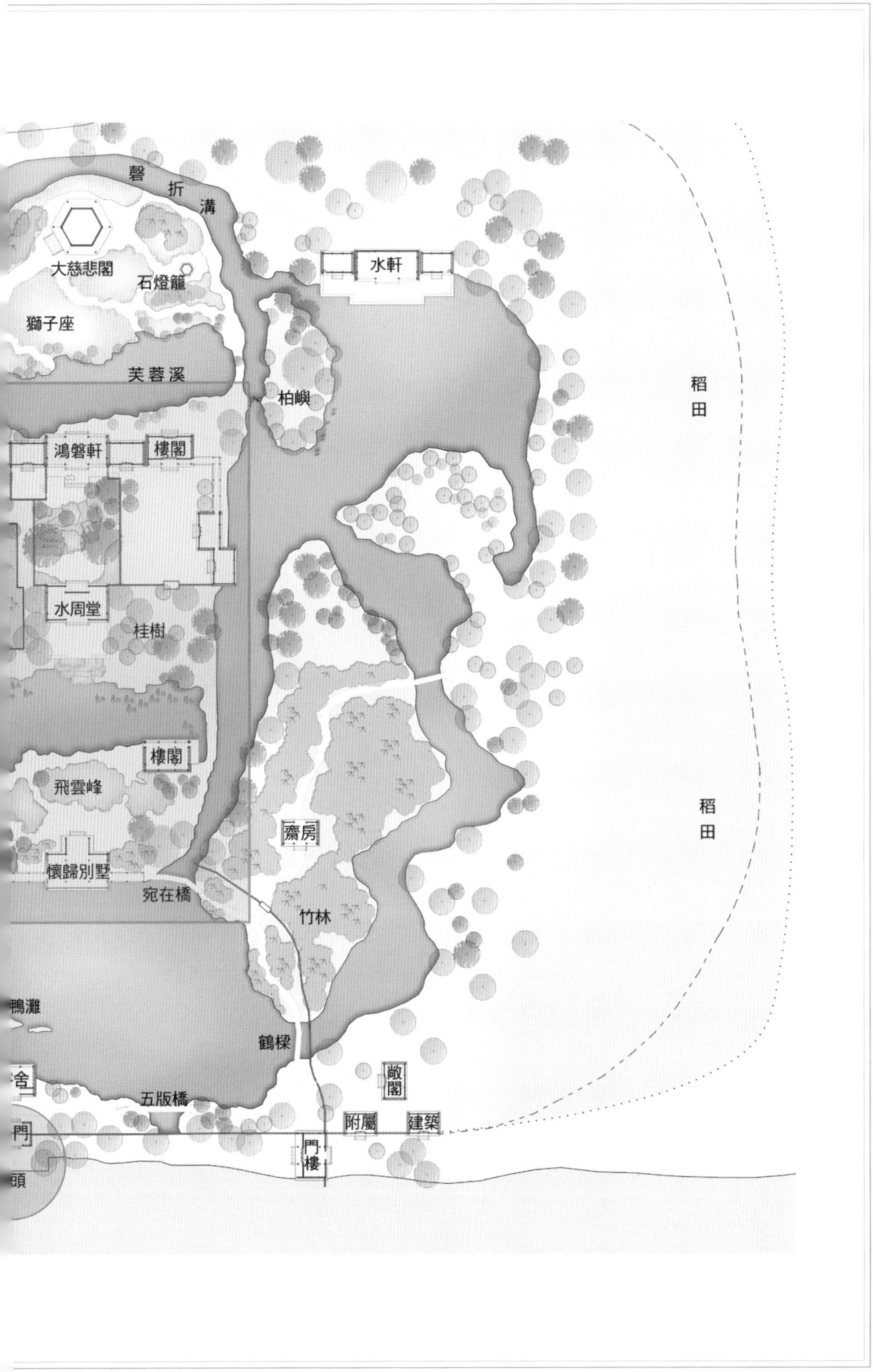
磬折溝
大慈悲閣
石燈籠
獅子座
芙蓉溪
水軒
柏嶼
鴻磐軒
樓閣
水周堂
桂樹
樓閣
飛雲峰
懷歸別墅
宛在橋
齋房
竹林
稻田
稻田
鷗灘
鶴梁
五版橋
敞閣
附屬
建築
門樓
舍
門
頭

造園名家周廷策

吳亮是園林的主人，但止園的總體設計，尤其是東區和外區的營造，都是由周廷策主持。

周廷策（1553—1622），字一泉，號伯上，是蘇州的造園名家。在中國古代"士農工商"的階層劃分裏，園林大多為第一階層的士紳所有，負責營造的工匠屬第三階層，地位較低。工匠地位的大幅提升和真正改變在晚明，他們躍升為造園最重要的主導者，計成《園冶》稱之為"能主之人"。

晚明造園能手迭出，技藝高超，周廷策正是其中的佼佼者。

吳亮在《止園記》裏鄭重地將周廷策引為知音："微斯人，誰與矣？"這句話化用自范仲淹的《岳陽樓記》——"微斯人，吾誰與歸？"吳亮表示："倘若沒有周廷策，我與誰切磋這林泉之樂呢？"

晚明的造園匠師不但以其高超的專業技能贏得尊重，而且以其深厚的文化修養與園主平等對話，甚至常以其戲劇性的言行舉止引發社會公眾的追捧，儼然成為一種"藝術明星"。

周廷策多才多藝，雕塑、繪畫、造園等各類藝術，無所不擅。他在受聘為吳亮建造止園之前，早已名滿江南。

建造止園六年前的1604年，蘇州士紳徐泰時（1540—1598）的妻子馮恭人攜三個兒子，捐資重建蘇州的不染塵觀音殿。殿內原有宋代名手所塑的觀音像，"像甚偉妙，脱沙異質，不用土木”，是難得的精品，可惜後來被毀。有殿不可以無像，馮恭人聘請周廷策重塑了觀音像，成為鎮殿之寶；並請他塑地藏王菩薩像和釋迦、文殊、普賢諸像，精美絕倫。

塑像之外，周廷策又精於繪畫。清代名士沈德潛《周伯上〈畫十八學士圖〉記》提到他看到周廷策繪製的《唐文皇十八學士圖》，文徵明的外孫薛益（字虞卿）則將相關的人物故事題寫在旁。薛益書法精妙，周廷策畫藝超群，兩人的書畫合璧，令沈氏嘖嘖稱賞。

與雕塑和繪畫相比，周廷策最精通的，還要數造園疊山。晚明文人徐樹丕《識小錄》卷四記載，周廷策吃齋唸佛，善畫觀音，他為人疊山，酬勞按天計算，每日“一金”，相當可觀，從這種市場認可度可想見其技藝之超群。

周廷策的絕學得自家傳。他的父親周秉忠（1537—1629），字時臣，號丹泉，與張南陽、計成和張南垣並稱為“晚明造園四大家”，今天蘇州的留園和洽隱園曾經都是周秉忠的作品。

16、17 世紀之交的數十年間，是周氏父子縱橫江南的時代。晚明造園四大家裏的張南陽卒於萬曆二十四年（1596）之前，張南垣首座有明確記載的造園作品是泰昌元年（1620）為王時敏設計的樂郊園；計成的處女作是天啓三年（1623）為吳玄設計的東第園。在張南陽卒後、張南垣和計成逐漸崛起之前的數十年間，江南風雅背後的大匠宗師，正是周氏父子。他們以其精妙絕倫的能工巧藝，贏得士紳名流的敬重和追捧，成為聲名赫奕的藝術雙星。

1610年周廷策58歲，正處於個人藝術創作的巔峰。這位當世第一流的造園好手，成為吳亮打造止園的不二人選。

那麼，吳亮和周廷策聯手營造的這座桃花源是什麼面貌呢？

理水：獨以水勝

止園佔地50多畝，東邊還有15畝田地，合起來一共65畝，規模巨大，分為東區、中區、西區和外區四部分。50畝園林裏水面最多，佔4/10，約20畝；土石次之，佔3/10，約15畝；建築第三，佔2/10，約10畝；花木最少，約5畝，僅佔1/10。

晚明園林的基本要素通常分為山、水、花木和建築四類，當時人多以此為標準品評園林，並熱衷於為各要素排列名次。山、水和花木偏於自然，建築則偏於人工，晚明賞園，認為自然勝過人工方為佳作。止園水第一、山第二、建築第

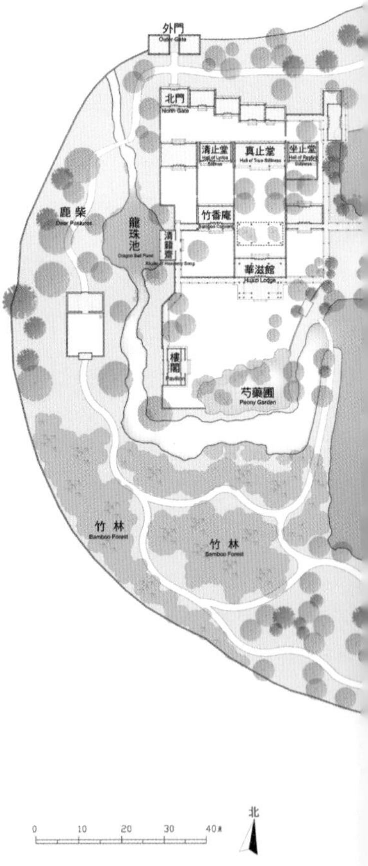

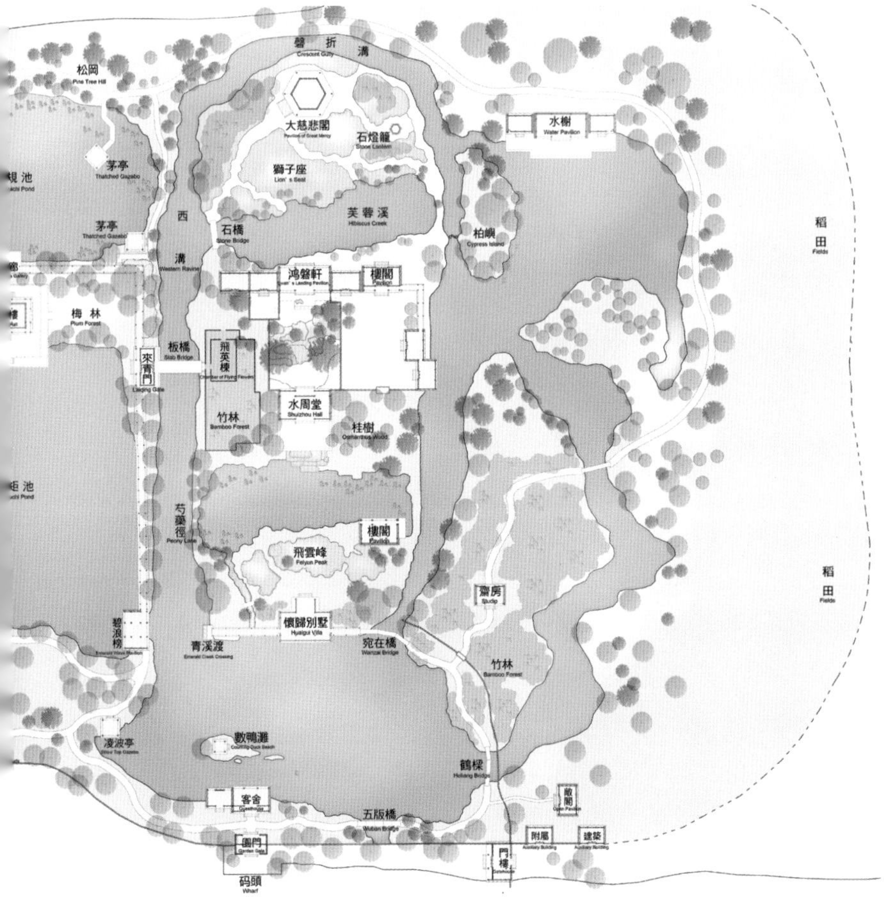

4-2　止園平面復原圖。黃曉、王笑竹、戈禕迎繪

三、花木第四，自然氣息遠勝於人工營建，屬上乘之作。

止園靠近護城河，周圍三河交匯，園主吳亮又強調自己“性復好水”。周廷策綜合園址的特色和園主的趣味，因形就勢、開土鑿池，打造出止園“獨以水勝”的江湖氣質。

理水是止園營造的第一步，也是理解止園藝術風格的關鍵，主要體現在兩方面：一是豐富多樣的水體，二是它們組合成的連綿通貫的水系。

止園水體多樣，吳亮詩文中提到池、潭、塘、壑、溪、澤、渠、澗、溝、塹、峽、泉、河、濠、江、湖、島、嶼、磯、灘等 20 餘種。從形態來看，這些水體主要分為兩類，一為面式，一為綫式。

面式水體的代表是“池”，《止園記》共提到 14 次，遠多於其他類型。止園四區共有 7 座水池：東區 3 座，分別在懷歸別墅、水周堂和大慈悲閣之前，可稱作南池、中池和北池；外區 1 座，在水軒之前，可稱作東池；中區 2 座，在梨雲樓前後，《止園記》稱作“矩池”和“規池”；西區 1 座，在清籟齋之西，《止園記》稱作“龍珠池”。

綫式水體的代表是“溪”，在吳亮詩文中出現的頻率僅次於“池”；甚至某些水池由於東西狹長，也被稱作“溪”。此外，西溝、磬折溝、鶴梁兩側的雙渠、通向柏嶼的曲澗、分隔中東兩區的長塹等都屬綫式水體。

止園的園址較為平坦，較少瀑布等豎向水體，主要通過溪、澗、溝、渠等綫式水體，聯絡起池、潭、塘、壑等面式水體，在水平向上構成通貫的連綿水系。

整個水系的入水口位於西北角，經由水門入園後形成溪澗，從竹林間穿過，匯入第一座水池——龍珠池。這座水池面積不大，但形狀獨特，宛如巨龍口中所含的明珠，如此一來，整條水系便彷彿一條虯曲盤踞的巨龍。除了形狀有美好的象徵寓意，龍珠池的位置也很關鍵，園外的河水在此彙聚並沉澱泥沙，因此它還有沉沙蓄水的實用功能。

池水向南再次形成溪澗，東轉北折，最終匯入東側開闊的矩池。這段溪澗逐漸放寬，左岸環繞著華滋館庭院，在溪邊舟上可仰望樓閣山石；右岸是連綿不斷的翠竹，堪稱止園水景裏最清幽宛轉的一處。這段溪澗所通向的矩池，則是止園水景裏最開闊疏朗的一處。兩處水體一綫一面，前後相接，構成強烈的對比。溪澗與矩池之間隔以長堤，東北角有一座拱起的木橋，船隻可在兩側通行，體驗充滿戲劇性的空間變化。

矩池東南角的碧浪榜，是一座兼具水閘功能的軒榭，控制著中、東兩區的水流，龍珠池之水經過矩池，從碧浪榜下部匯入東區的南池。南池彙聚了四處水流，水量充沛。全園的出水口，藏在南池東南角的五版橋之後，以暗渠通向園外的長河。五版橋和園外東南角的兩層門樓，都具有“鎖水”的象徵含義。它們與西北角的入水口和龍珠池首尾呼應，構成完備的風水系統。

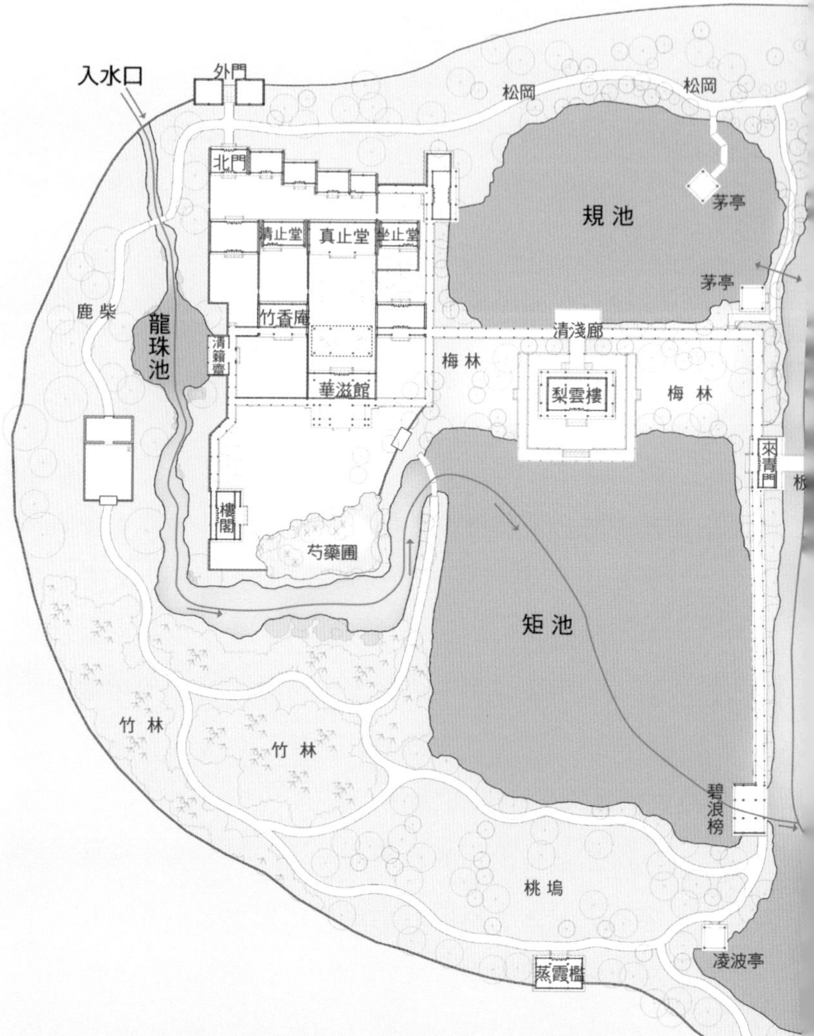

4-3 止園水系復原示意圖。戈禕迎、黃曉繪

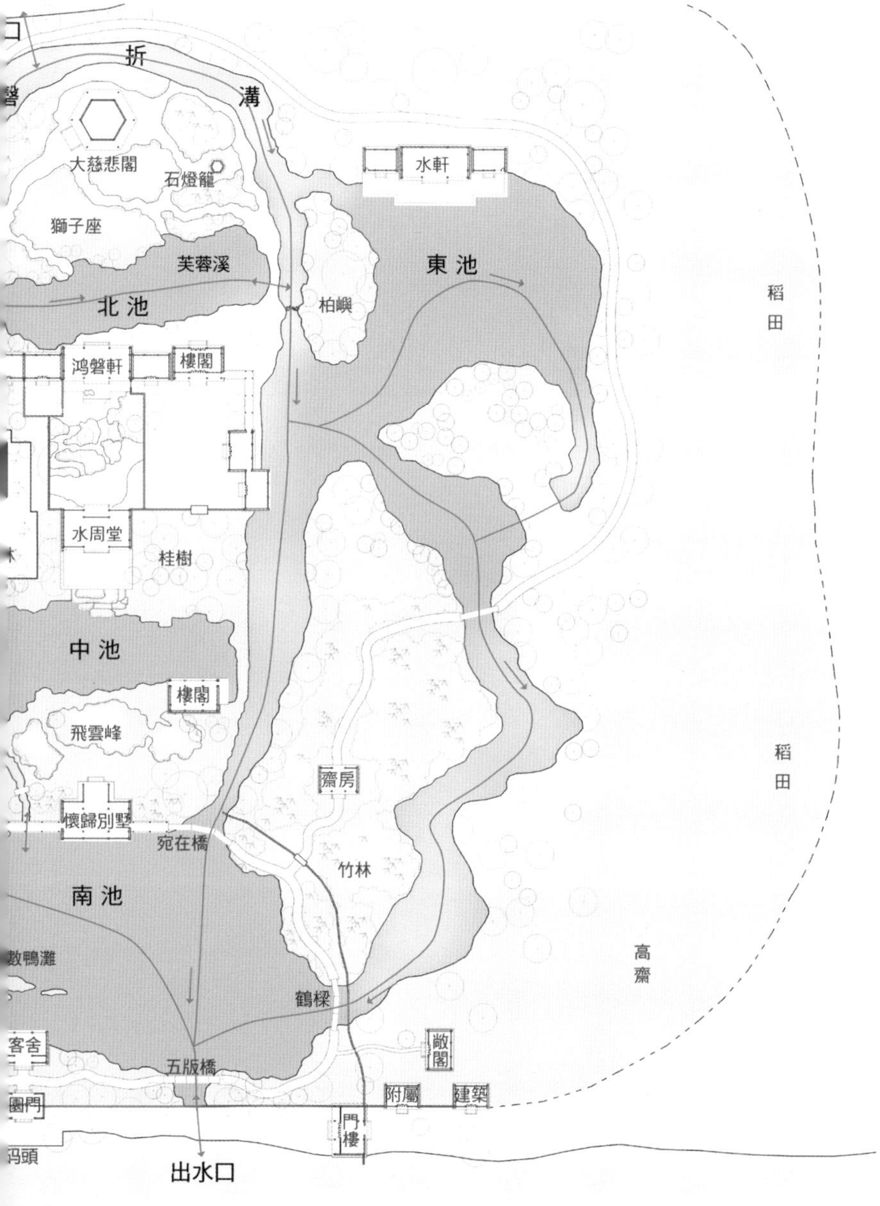
折
溝
大慈悲閣
石燈籠
獅子座
芙蓉溪
北池
水軒
東池
柏嶼
稻田
鴻磐軒
樓閣
水周堂
桂樹
中池
樓閣
飛雲峰
齋房
稻田
懷歸別墅
宛在橋
竹林
南池
數鴨灘
高齋
鶴梁
客舍
敞閣
五版橋
園門
附屬
建築
門樓
碼頭
出水口

張宏《止園圖冊》描繪水景的有 16 幅，其中 9 幅描繪了舟船。園中溪池是對江南水鄉的提煉與再現，形成蔚為大觀的水景園特色，同時提供了多樣的舟游體驗：既有波光雲影間的孤舟垂釣，也有浩蕩長河中的一葦獨航；舟船上的人物，或滄溟空闊，名士扣舷而歌；或幽塘採菱，仙媛婀娜多姿，深得水居之雅韻。

吳亮的門生馬之騏（1580—1631）在《止園記序》中，精闢地點出止園的精髓：“園勝以水，萬頃淪漣，蕩胸濯目；林水深翳，宛其在濠濮間。樓榭亭台，位置都雅，屋宇無文繡之飾，山石無層壘之痕。視弇州所稱縷石鋪池，穿錢作埒者，敻然殊軌。”止園以水取勝，園中兼具蕩胸濯目的萬頃之廣和林水深翳的濠濮之趣，特具天然的純樸清新，從而成為繼王世貞弇山園之後，中國造園史上一座新的里程碑。

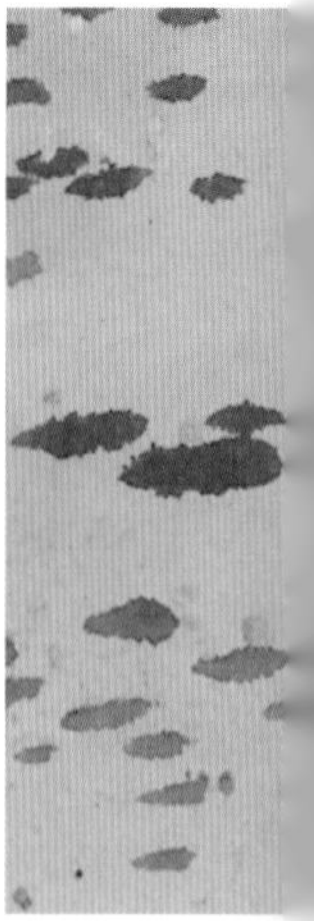

4-4 《止園圖冊》中描繪的舟遊活動

建築：奇正平衡

理水，或者說經營水景的過程，也是整治地形的過程。與此同時，造園家也在斟酌何處疊山、何處建屋、何處種樹，即全園的總體設計。

東西方園林的總體設計區別很大。意大利台地園林和法國古典主義園林等西方園林，具有明確的分區、突出的中心、嚴謹的序列和清晰的軸綫，構成完整的總體設計。相比之下，中國園林似乎缺少統一的規劃，佈局自由，信手拈來，令人捉摸不定，無從把握。那麼，中國園林如何進行總體設計？在看似隨意的造景背後，是否有一貫的規則？

止園中建築的比重不高，但某種程度上卻是各處空間的主宰，與山、水、花木形成人工與自然的平衡，揭示了中國園林總體設計的規則，可概括為“奇正平衡”。

“奇正”原為兵家術語，即《孫子·勢篇》所稱的“戰勢不過奇正。奇正之變，不可勝窮也”，涉及主客、虛實、攻守等多方面的對立辯

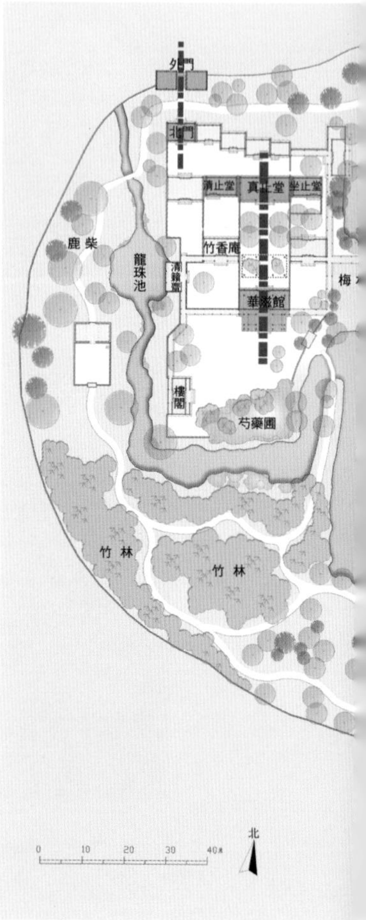

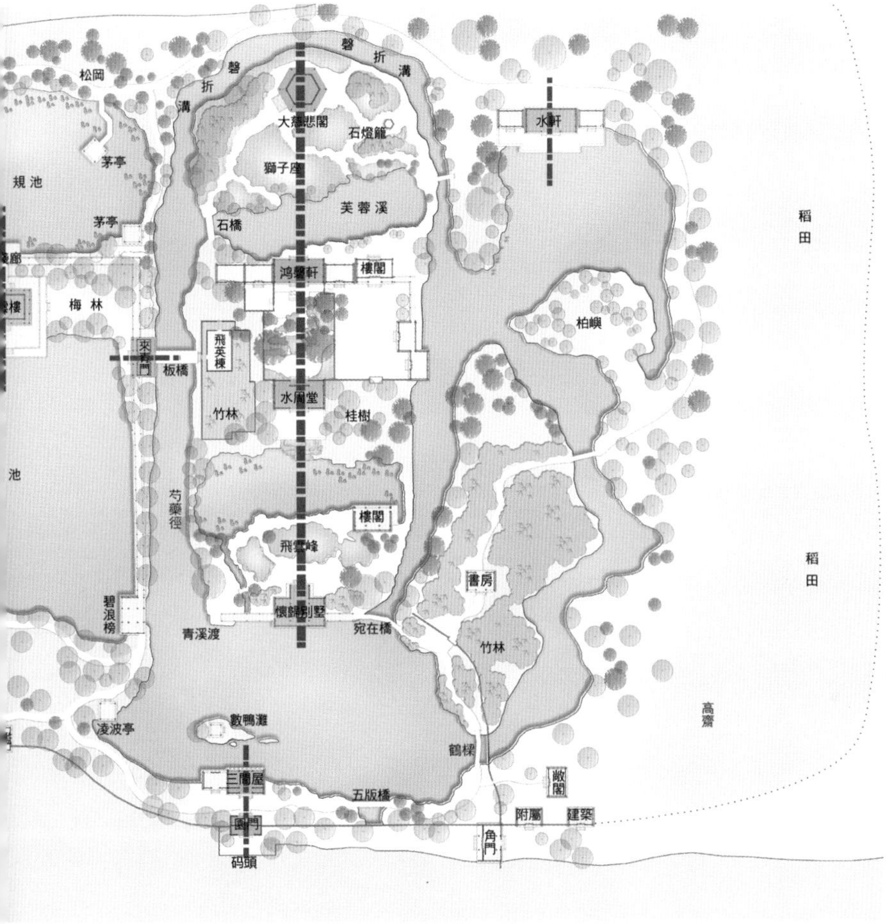

4-5
止園的建築佈局。黃曉、戈禕迎、王笑竹繪

證，它們都源於中國哲學的陰陽變化之理。止園的佈局恰似行軍佈陣，周廷策通過各要素間的奇正配合，將規則性與靈活性巧妙結合，營造出既和諧有序，又自由活潑的居遊空間。

止園體現“正”佈局原則的，主要是廳堂和門屋兩類建築。東區有園門、三間屋、懷歸別墅、水周堂、鴻磐軒和大慈悲閣，外區有柏嶼水軒，中區有來青門和梨雲樓，西區有華滋館、真止堂、坐止堂、清止堂、北門和外門。這些建築多採取正方位佈置，位置居中，體量較大。

4-6 止園中區主廳梨雲樓

以中區的主體建築——梨雲樓為例。這座兩層樓閣坐北朝南，三開間歇山頂帶周圍廊，建在兩層石砌平台之上，是全園體量最大的建築。梨雲樓前為矩池，後為規池，空間開闊，佔地寬廣，可從眾多角度觀賞，成為當仁不讓的舞台主角。梨雲樓取景極為豐富，近景有兩側的梅樹與規池的荷花，中景有南岸的桃樹與竹林，遠景有園外的池壕與城堞。吳亮《止園記》描寫梨雲樓的文字在各景中最長，印證了它在全園的主體地位。在樓中可以近賞梅荷，中對桃竹，遠望堞濠，領略風花雪月的自然情致，體

驗園林內外的壯觀之美。

以上這些建築基本都是廳堂或門屋，它們共同確立起止園的主軸骨架。就方位而言，三座主堂——東區水周堂、中區梨雲樓和西區真止堂都位於各區中心，其他建築通過軸綫或輔翼來突出三者的中心地位。就朝向而言，它們都採用正方位，除來青門坐西朝東外，其他都是坐北朝南，沒有側斜佈置者。就體量而言，這些建築皆較為巨大，無小巧玲瓏者。這三方面都體現出規則、秩序和莊重等“以正為本”的佈局原則，為全園奠定了“不易”的基礎。

止園以廳堂為主體，以門屋為輔助，確立起全園的主軸框架；進而運用“以奇為變”的“變易”之法，通過樓閣、書房、亭榭、廊房，以及溪池、丘島和各類花木的穿插，營造出層出不窮的變化，打破規則，消解莊重之感，形成人工與自然之間的持續張力。

以止園東區南池周圍的建築為例。這一帶圍繞中央的水池組景，只有兩組三座規則佈置的建築：一是池北的懷歸別墅，略具主堂之意；二是池南的園門和三間屋，構成稍稍偏西的南北軸綫，與懷歸別墅所在的東區主軸錯開，這樣就在兩條軸綫間形成微妙的張力，為其他建築的靈活佈置保留了餘地。

其他建築都是根據地形或功能自由佈置，包括樓閣、書房、亭榭和廊房等，充分展示了“奇”佈局的自由特徵。

首先是樓閣，共有三座。第一座是園外東南角的兩層角門，形似門樓，它並未佈置在居中入口處，而是偏在一側，類似於城市河流下游的風水塔，具有鎖水的趨吉之意。第二座是角樓東北高台上的樓閣，《止園記》稱其“可眺遠”，可知其優先考慮對景，並不在意方向。第三座是南池西南桃塢南側的蒸霞檻，建在高台上，隨園牆走勢自然佈置，同樣不拘方向，在閣內可俯瞰滔滔流水，浩浩湯湯。

其次是書房。南池東岸沿路有一道虎皮牆，偏北闢有簡易的門扉，門內土阜高聳、修竹森森，最高處是一座書房，既不易被人察覺，又能居高借景，符合《園冶·書房基》的建議：書房應“擇偏僻處，隨便通園，令遊人莫知有此。內構齋館房室，借外景，自然幽雅，深得山林之趣”。這座書房以及與之相配的牆、門，皆隨山形水勢自然佈置，不拘方向。

最後是遊廊亭榭。南池北岸懷歸別墅的兩側皆出遊廊，東側兩間，西側五間（圖中只畫出四間），並不對稱；西側的五間隨池岸呈曲綫形，進一步消解了懷歸別墅的規整感。西側遊廊的盡頭是一處碼頭，可在此乘舟去往池西的亭榭和池中的小島。

最能體現自由風格的正是南池中的這座小島——數鴨灘。數鴨灘點綴在池中，不受任何軸綫控制，不與任何建築正對，成為平衡各景的點睛之筆。這座小島彷彿可以隨波浮動，自由漂移，具有無限的可能，幻化出無盡的妙境。

止園建築佈局的奇正平衡原則具有更廣泛的適用性。擴展到園林各要素，建築佈局以正為主，正中有奇；假山

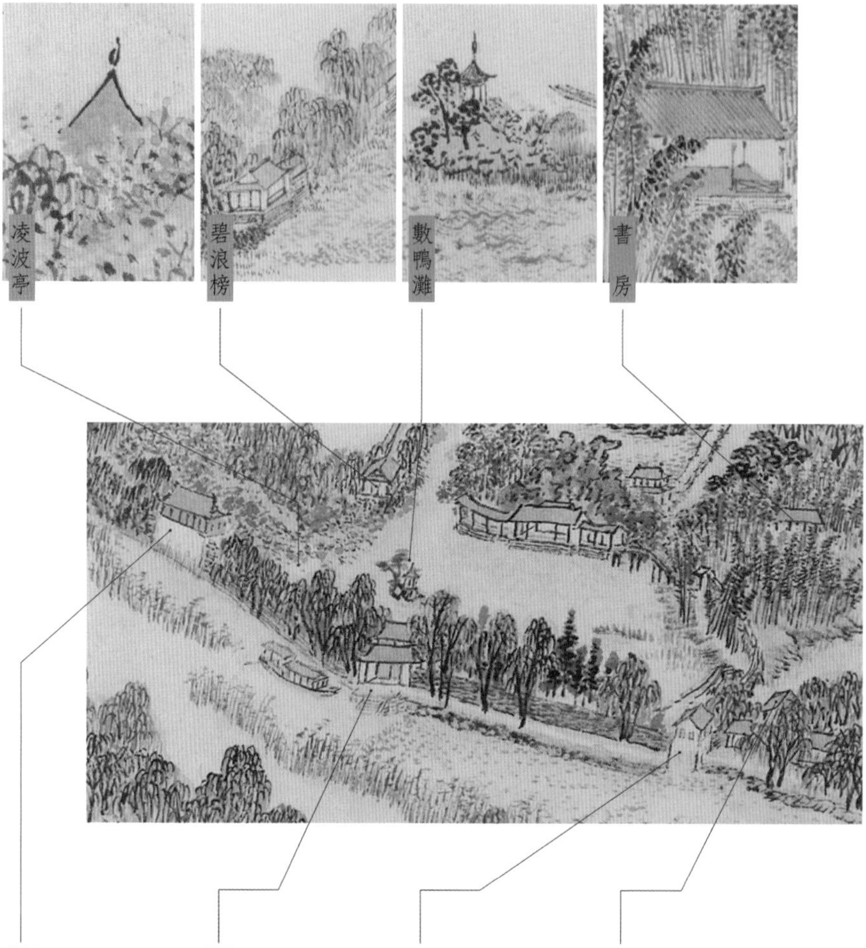

4-7 從園門到懷歸別墅一帶的建築佈局

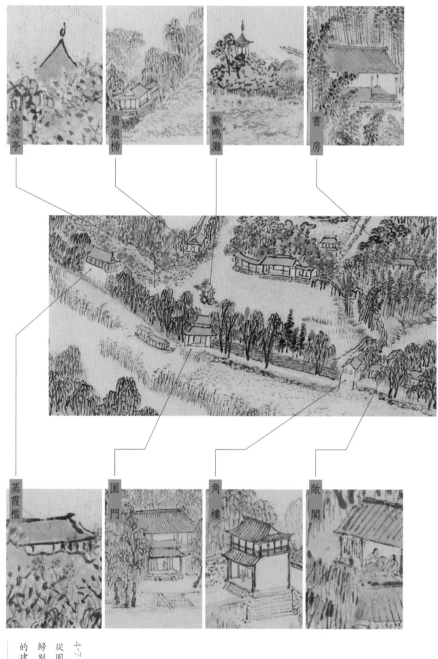

佈局則以奇為主，奇中有正；擴展到宅園關係，宅區佈局以正為主，正中有奇；園區佈局則以奇為主，奇中有正。奇正平衡提供了一條理解中國古代營造的有效綫索。

從哲學層面來看，“奇”體現的是道家的逍遙與自由，“正”體現的是儒家的等級與秩序。道家和儒家思想有如太極的陰陽兩面，共同影響著中國園林，滲透到園林佈局的各個層面，展示了中國造園對於自由和秩序的追求。這兩者既彼此對立，又相互依存，很多時候雖分主次，但缺一不可。它們共同形塑了中國園林的氣質，既有章法可依、脈絡可尋，又變幻莫測、氣象萬千。

山林：飛來奇峰

在世界三大園林體系裏，作為東方代表的中國園林，最具特色的要素是疊山，最能體現造園家功力的也是疊山。因此曹汛先生又將中國古代造園家稱為“造園疊山家”，認為中國的“造園藝術史，也就注定和疊山藝術史同步”。

止園四大要素裏，山僅次於水。但“土石三之，……竹樹一之”，山石和林木結合構成“山林”，佔到止園的4/10，足以與水景匹敵，奠定了全園綿延蔥蘢的自然格調。止園有大、中、小不同規模的各類疊山和置石，湖石山、黄石山、土山、石階花台和特置石峰，一應俱全。

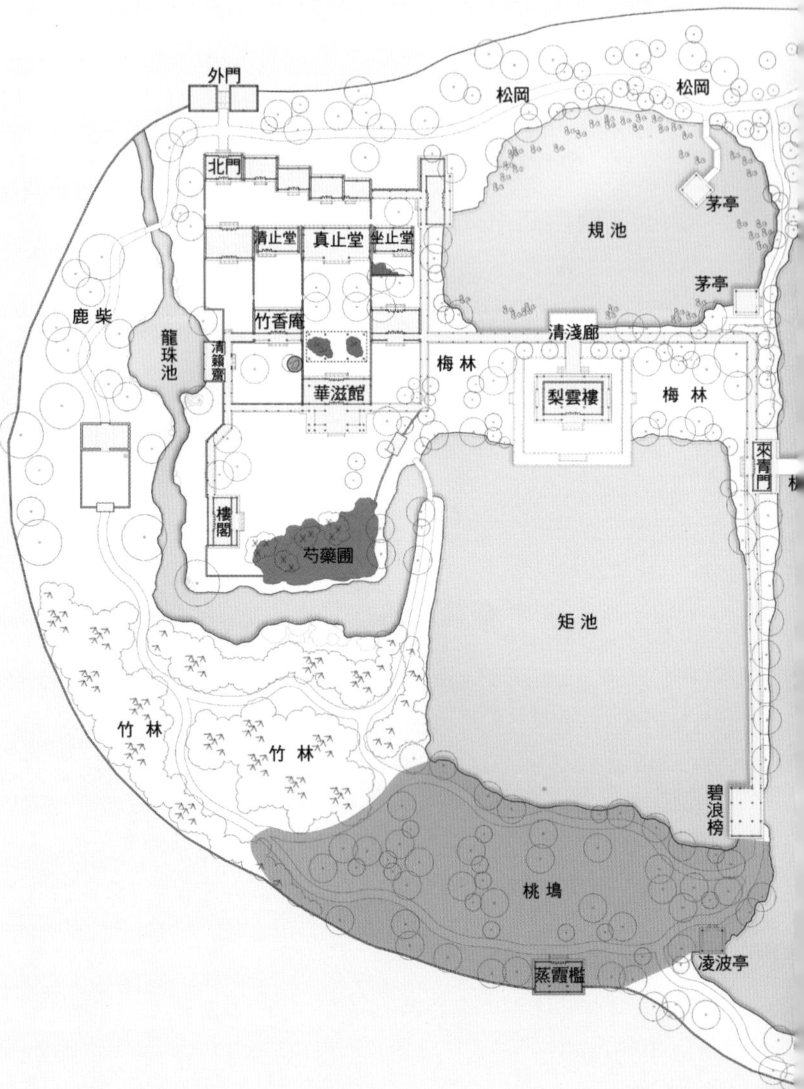

4-8

止園疊山置石分佈圖。戈禕迎、黃曉繪

磬折溝
大慈悲閣
石燈籠
獅子座
芙蓉溪
橋
鴻磬軒
樓閣
水周堂
桂樹
樓閣
飛雲峰
懷歸別墅
宛在橋
水軒
稻田
稻田
書房
竹林
高齋
鶴梁
敞閣
附屬
建築
門樓
五版橋
客舍
園門
码頭
大型山林
庭院疊石
特置石峰

首先是三組規模較大的山林：一是懷歸別墅北側的飛雲峰，以湖石壘疊，點綴一株孤松；二是東區北端的獅子座，下部用土，上部堆築黃石，山間栽種梧竹、梨棗、芙蓉；三是中區南側的桃塢，用池中挖出的泥土堆成，遍植桃樹。

其次是四組中等規模的庭院疊石：一是鴻磐軒前“磊石為基，突兀而上”的石階；二是華滋館前的湖石花台；三是真止堂前羅帳下的花石；四是坐止堂前的土石丘巒。

最後，園內還有多處特置的峰石，如鴻磐軒內的青羊石及軒前的蟹螯峰、韞玉峰，以及竹香庵前的古廉石等，豐富了遊園的趣味。

三組大型山林裏，桃塢為土山，屬土方平衡的產物，與山體相比，其植物特色更為突出，以“林”取勝。獅子座是以黃石堆築的土石山，栽種植物種類較多，但仍呈露出粗獷的石質，山體以橫向肌理為主，平穩敦厚，“山”“林”構成平衡。飛雲峰為全石假山，植物極少，石質玲瓏，其豎向的挺拔之感，與獅子座的橫向延展形成對比，以“山”取勝。

止園各處的疊山置石，以飛雲峰難度最大，技術含量最高，最能展示周廷策疊山的藝術成就。飛雲峰發揚了魏晉以來“小中見大”的疊山傳統，是中國疊山第二階段的精品傑作，同時又呼應了晚明引借畫意造園的時代新風。

飛雲峰位於懷歸別墅北側。遊人甫一入園，隔著水池，便能望見別墅背後聳立的這座假山。

從山體形態看，飛雲峰東西向為主山，南北向為起峰

4-9《止園圖冊》第十四開中的「桃塢」

4-10《止園圖冊》第十六開中的「芍藥欄」

4-11《止園圖冊》第六開中的「飛雲峰」

和餘脈。山勢從西南側發脈，向北逐漸聳起，這段起峰通過一道石門與主山相連。主山下部為寬闊的石台，南北皆有懸岩洞穴，南側可居，北側可登。登山的洞口位於主山東北側石樑的下部，從東面上山，繼而盤旋向西跨過石樑，來到一處開敞的、向西緩緩升起的台地，其中設石桌石凳供人停歇；台上聳起兩座主峰，峰頭亦搭石樑相連，構成整座假山的高潮。沿主峰西行，道路漸漸收窄；繞到峰後空間放寬，栽有孤松，供人盤桓閒步。山勢向東漸趨平緩，又聳起一座小峰，作為收束。在主峰與小峰之間，有路與北側登山之路匯合，由此向東通往樓閣二層。另有蹬道下到底層，底層西南連接飛雲峰南側的懸岩，東北俯臨繞到樓閣南側的溪水，即《止園記》提到的石峽。

從環境關係看，飛雲峰西南為起峰；中部兩座主峰俯仰相望，東側小峰孑然獨立，各具姿態；山體向東連接樓閣，延入叢林，給人餘脈綿延之感。整組山峰南側與懷歸別墅及敞軒、兩側遊廊和林木叢竹，構成圍合感較強的靜謐空間；北側隔著水池，與水周堂及兩側的桂叢竹林，構成開闊的外向空間。台上居中而立的兩座主峰，與懷歸別墅和水周堂形成對景，成為支配假山全域的主體。

飛雲峰假山取法杭州的飛來峰，採用誇張手法象徵自然界的真山。飛來峰的妙處在於同周圍環境毫無關係，彷彿從天外飛來，帶給人驚異之感。曾遊賞周秉忠所築東園的袁宏道特別欣賞飛來峰，寫文章稱讚飛來峰是西湖諸峰之首，周圍的峰石高達數十丈，渴虎奔猊、神呼鬼泣、秋水暮煙，種種神怪景象，皆在其間。袁宏道前後五次登

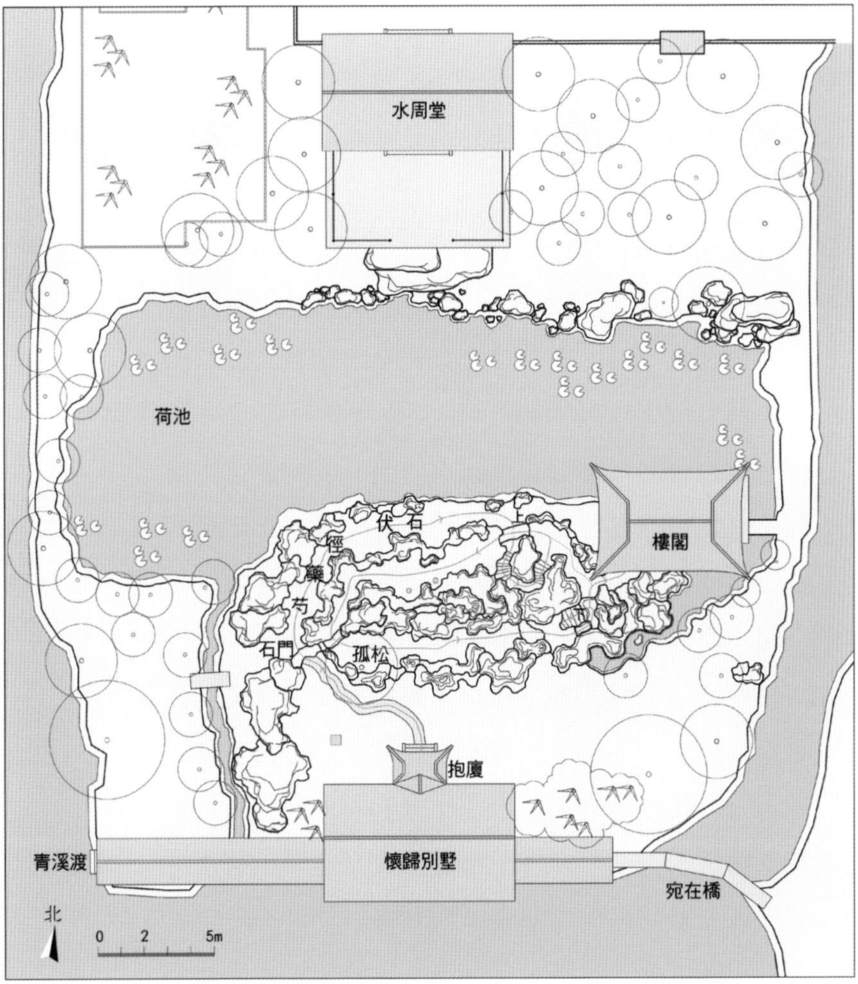

4-12 飛雲峰復原示意圖。戈祎迎、朱雲笛、黃曉繪

山，每遇一石，便發狂大叫，驚喜交集，可見山上諸峰帶給他的震撼之深。

飛雲峰的巧妙之處，恰恰來自其特殊的寫仿對象。飛雲峰寫仿的飛來峰本身已是精彩至極，飛雲峰更進一步將“小中見大”的象徵手法發揮到極致，並進行了戲劇性的反轉，使劇情更為跌宕起伏。

以往造園縮仿真山都是將觀者帶到所仿的名山中去。飛雲峰卻反其道而行，它將飛來峰帶到所營造的園林之中。止園的飛雲峰假山，儼然是從天外飛來，飄落在四面環水的洲島上。周圍並無山勢可借，愈發突出了飛來之感。這座假山自帶起峰和餘脈，起自西南，收於東北，附近的芙蓉花台和狻猊怪石等，則有如飛來時散落在周邊的石塊。這組山峰與孤松、樓閣相結合，安置在懷歸別墅和水周堂之間，喚起觀者夢幻十足的仙境想像。

曹汛先生將中國古代疊山概括為自然主義、浪漫主義和現實主義三個階段。其中“現實主義”疊山的代表作是張南垣傳人張改築的寄暢園大假山。寄暢園大假山是一片供人漫遊徜徉的“天然”丘壑，與之構成對比，止園飛雲峰則是一座令人驚叫絕倒的“飛來”奇峰，二者分別代表了中國疊山現實主義和浪漫主義的至高成就。周廷策作為造園疊山家的藝術地位，由此奠定。

4-13
《止園圖冊》第五開中的飛雲峰山石

伍　止園背後的江南世家

止園的園主吳亮（1562—1624），字採于，號嚴所，別號止園居士。萬曆二十九年（1601）他40歲考中進士，最終官至大理寺少卿（正四品）。在吳亮的背後，牽引出一個綿延500年的江南世家。

止園模型製作展出後，2018年春，宜興博物館館長邢娟到中國園林博物館參觀，指出止園主人吳亮正是當代書畫家吳歡的先祖。我們前往吳歡先生家中，翻閱十冊本的《北渠吳氏宗譜》，確認吳亮為北渠吳氏第九世，吳歡的祖父吳瀛（吳景瀛）為第十九世。

吳亮的祖輩們世居宜興閘口北渠村，因此稱作“北渠吳氏”。明代正德年間（1506-1521）第七世吳性遷居常州，嘉靖二十三年（1544年）定居常州洗馬橋，因此又稱“洗馬橋吳氏”。他們在常州繁衍生息，開枝散葉，崛起為江南的名門巨族。吳性是吳亮的祖父，也是家族中第一個進士。僅從吳性到吳亮之子的四代人，吳家便出了12名進士，19名舉人，科第之盛，一時無兩。

與科舉成功相伴隨的，是吳家社會地位的提升和家族財富的積聚。與一般仕宦大族不同，從吳性開始，吳氏子弟就對辭官隱居、興建園林具有非同尋常的熱情。

5-1 吳性、吳亮祖孫三代的園林營造（第七至九世）

第七世 / 第八世 / 第九世

- ☆吳 性
  - └城隅草堂
  - └天真園
  - 吳 誠
  - ★吳可行
    - └沙渦湖居
    - └荊溪山館
    - └城隅草堂
    - 吳宗泰
    - 吳宗曼
    - ☆吳宗因
      - └籧廬宛習池（城隅草堂）
    - 吳宗正
    - 吳宗亢
    - 吳宗克
  - ★吳中行
    - └甑山墓園
    - └渦湖蒹葭庄
    - └嘉樹園
    - 吳宗雍
    - ★吳 亮
      - └小園
      - └白鶴園
      - └嘉樹園
      - └止園
    - ★吳 奕
      - └嘉樹園
    - ★吳 玄
      - └東第園
      - └東莊
    - 吳 京
      - └舟隱園
    - 吳宗文（女）
      - └西園
    - ☆吳 兖
      - └蒹葭莊
    - ☆吳 襄
      - └拙園
      - └青山莊
    - 吳宗褒
      - └素園
  - 吳尚行
    - ☆吳宗奎
    - 吳宗本
  - 吳同行
    - └小園
    - 吳宗逸
    - ★吳宗達
      - └天真園
      - └小園
      - └綠園
    - 吳宗選
    - ☆吳宗閏
    - ☆吳宗進

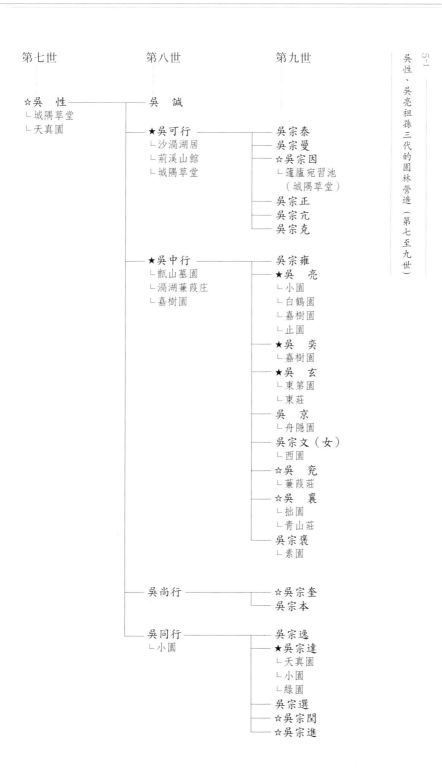

康熙元年（1662 年）名士方孝標（1617—1697）作《嘉樹園海棠花記》，追憶吳氏家族在明朝的盛況："兄弟子姪多佔甲科，歸老處優，富冠江左，一時置園林凡七八處。"而吳氏家族的造園成就，遠比方孝標評價的還要更高。明清兩代有文獻記載的吳氏園林目前已發現 30 餘座，儼然成為常州乃至江南園林的至高代表。

造園世家

常州吳氏被譽為江左望族，先祖可追溯到北宋時期的吳玠（1093—1139）。吳玠身處宋金交兵的亂世，他自幼從軍，轉戰陝西、四川各地，屢屢擊潰金兵，成為抗金名將，最後官至四川宣撫使，封武安公，與岳飛、韓世忠齊名。吳玠過世後，其子吳拱護駕南遷，定居常州，後裔散佈在常州各地，尤以宜興、武進為多。

從吳性開始，吳氏家族揭開了定居常州的新篇章。但吳性的父親、叔伯、堂兄族弟，以及他的少年時代，都與宜興密不可分。吳性的林泉之志，便是在宜興的湖光山色和族人的園池亭台中，醞釀滋長。吳性父親吳禮的娛晚堂、族叔吳侒的溪莊和族弟吳校的寄園，是吳氏家族宜興園林中最重要的三座。這些園林大多建在宜興的明山秀水間：吳禮娛晚堂靠近滆湖，吳侒溪莊臨近鐘溪，吳校寄園位於江邊。它們不僅使吳氏族人的園亭幽趣，更使宜興故鄉的秀麗山水，成為吳性及其子孫在常州闢建園林時的夢魂所系。

吳性（1499—1563），字定甫，號寓庵，是吳氏遷居常州的第一人，為常州洗馬橋吳氏四大分支的先祖。北渠吳氏在常州建造園林，從吳性開始，他在常州建造了城隅草堂和天真園。

嘉靖三年（1524）前後吳性僑寓常州，興建城隅草堂；後來家道逐漸興旺，開始築園開池，將其打造為吳氏家族在常州的精神源點。城隅草堂是北渠吳氏在常州的第一處居所，雖然景致較為簡單，卻擁有獨特的地位。從這一隅之地出發，北渠吳氏不但成長為江南的名門望族，而且營造出蔚為大觀的園林名勝。

吳氏在常州第一座真正的園林，是天真園。嘉靖二十三年（1544）吳性遷居洗馬橋，先後建造了住宅、祠堂和園林，三位一體，將洗馬橋打造為家族聚居的核心。吳性的園林營造從三方面影響到吳氏的後世子孫。一是深摯的引退之心和林泉之志。他淡於仕進、甘於退處的"隱君子"之風，成為吳氏子孫造園和居園的內在動因。二是對故鄉山水的懷念和嚮往。吳性在園中堆山開池，以象徵宜興的滆湖之水、銅官之山，這種故土之思，既滋養了他們的山水情懷，也成為他們造園時的靈感源泉。三是對入世與出世精神的兼顧。造園不僅需要林泉之志，更需要財力的支持。吳性及其子孫秉承"儒道互補"的精神：進可謀劃於廟堂之上，經國濟世；退可逍遙於山林之間，修身養性。

吳性白手起家，最終官至正六品尚寶司司丞，完成了吳氏家族社會階層的第一次躍升。他成年的四子中，吳可行、吳中行中進士，吳尚行、吳同行為監生，皆步入仕途。吳可行任翰林院檢討，吳中行官至正五品南京翰林院掌院學士，完成了吳氏家族社會階層的第二次躍升。他們的園林分佈在宜興、常州兩地，既保持了與故鄉的聯繫，又在常州開拓出新的天地。

吳可行（1527—1603）為吳性次子，在宜興滆湖邊和荊南山（銅官山）建有兩處園亭，前者稱沙滆湖居，後者稱荊溪山館。兩處園林都不在常州，而在故鄉宜興；此外，由於長兄吳諴早卒，吳可行作為吳性實質上的長子，還繼承了位於常州的城隅草堂。

吳中行（1540—1594）為吳性第三子。他於隆慶五年（1571）中進士，歷任翰林院侍讀學士，春坊、諭德兼翰林侍講，充日講起居注官，最終官至正五品南京翰林院掌院學士。吳中行在宜興建有甑山墓園、滆湖蒹葭莊，在常州建有嘉樹園。在洗馬橋吳氏第二代中，吳中行名聲最著。唐鶴徵作為他的同年兼同鄉，作《祭吳復庵文》稱讚吳中行："惟公之才華為光於藝林，惟公之氣節為龍於縉紳，實有睹者所共欣慕。"

吳同行（1550—1594）為吳性幼子。吳亮《止園記》提到，吳同行建有小園，位於嘉樹園東側，由吳同行草創，吳亮接手拓建，後又歸屬他人。

吳可行、吳中行、吳同行三兄弟的六座園林，荊溪山館和甑山墓園屬山林地，沙滆湖居和滆湖蒹葭莊兼屬江湖地和村莊地，嘉樹園屬郊野地，小園兼屬傍宅地和城市地，涵蓋了計成《園冶》的六種園林基址；吳氏的造園大業在這一代鋪開基礎，即將發揚光大。

吳可行育有六子三女，吳中行育有八子一女，吳尚行育有二子二女，吳同行育有五子三女。洗馬橋吳氏第三代的 21 名男丁中，有 4 名進士，7 名舉人，其他亦多為監生、庠生。吳亮官至正四品的大理寺少卿，吳玄官至從二品的湖廣布政使司右布政使，吳宗達官至正一品的吏部尚書、建極殿大學士，是官職最高的三人；其他擔任知府、知州、知縣者，所在多有。

吳氏家族的社會地位到吳亮這一輩達到頂點，吳氏造園也在這一輩臻於極盛。吳可行第三子吳宗因繼承了城隅草堂，並拓建改築為籧廬宛習池。吳同行第二子吳宗達繼承了天真園，並新建了綠園。吳中行的八個兒子被鄉人譽為“荀氏八龍”，除長子吳宗雍早卒外，其餘七人，人人有園。次子吳亮建造止園，並經手家族裏的小園、白鶴園和嘉樹園。第三子吳奕拓建改築嘉樹園，奠定其規模。第四子吳玄建有東第園和東莊。第五子吳京建有舟隱園。第六子吳兗建造了蒹葭莊。第七子吳襄建造了拙園和青山莊。第八子吳宗褒建有素園。獨女吳宗因嫁給曹師讓，建有西園。吳氏家族成就最高、名氣最大的一批園林，皆出自吳亮一輩，蔚為大觀。下面擇要介紹其中的四座。

吳奕（1564—1619）為吳中行第三子，萬曆三十八年（1610）中進士。吳中行去世後，嘉樹園先經吳亮修葺供母親毛氏居住，毛氏去世後歸吳奕所有。吳奕繼承了父母的園廬，修葺一新，並命名為嘉樹園，借《詩經·甘棠》

之意讚美和紀念先輩的恩德。吳奕去世後，吳去思繼承嘉樹園，在清初成為常州名園，屢有文人墨客慕名來訪，

吳玄（1565—1628）為吳中行第四子，萬曆二十六年（1598）中進士，官至湖廣布政使司右布政使，在八兄弟中官職最高。天啓三年（1623）吳玄聘請計成設計東第園，此園效法北宋司馬光的獨樂園，建成之後，從入園到出園僅四百步，卻能山高水遠，儼如圖畫，亭轉廊回，獨步江南。東第園是計成改行造園的第一件完整作品，是處女作，也是代表作。計成由此一舉成名，並將設計過程寫入他的名作《園冶》，使東第園名傳後世。

吳兗（1573—1643）為吳中行第六子，中萬曆三十二年（1604）副榜，但並未出任官職，而是隱居終生。萬曆四十年（1612）吳兗建造蒹葭莊，在其中生活了 32 年，不斷經營拓建，成為晚明江南的一代名園。

吳襄（1577—1652）為吳中行第七子，中萬曆三十一年（1603）舉人，官至直隸滄州知州，建有拙園和青山莊。其中青山莊為常州名園，佔地廣闊，造景豐富，名氣還在蒹葭莊之上，大學者趙翼、洪亮吉、袁枚都曾慕名遊覽。晚清常州民間傳言青山莊為《紅樓夢》大觀園原型，雖無憑據，卻反映了此園在當地人心中的地位。

吳性有 4 子成年，到孫輩達 21 人，到曾孫輩則達 78 人，繁衍生息，人丁興旺。然而大明王朝最興盛的時期已經過去，吳氏造園的盛況也難以持續。洗馬橋吳氏第四代中，吳則思、吳孝思年齡稍長，猶能趕上晚明的繁華，築有香雪堂和四雪堂。其他人主要是繼承父祖的產業，吳恭

思、吳守楗繼承了吳亮的來鶴莊，吳去思繼承了吳奕的嘉樹園，吳我思、吳宇思繼承了吳玄的東第園和東莊，吳守典、吳夏立繼承了吳兗的蒹葭莊，吳見思繼承了吳襄的青山莊。

他們大多經歷了明清易代的亂世，勉力維持祖業，於凋零衰頹中懷念曾經的盛世芳華。入清以後，洗馬橋吳氏出過 14 名進士，12 名舉人，科舉不可謂不盛，然而吳氏子弟不再有祖輩的林泉雅致，很少興建新的園林，舊的園林也陸續轉賣或荒廢。僅吳守相築有半舟軒、吳龍見築有惺園，一方面延續了祖輩的風雅，同時也成為吳氏造園最後的絕響。

吳氏造園從無到有，漸趨極盛，最終復歸於無，宛如白雪覆蓋大地，抹去一切痕跡。未知雪下的枯木，來春是否還會萌發新枝？

近世傳奇

明清易代之際，江南望族大多遭到衝擊。吳氏家族亦難逃人丁凋零、園亭荒廢的命運，曾經的輝煌埋沒到故紙堆中，以致後人亦鮮有知曉。然而，家族的生命活力並未磨滅。近現代時期，吳氏再次崛起，在文化、藝術、政治、軍事諸領域做出了非凡的貢獻。

中國歷史進入近代，有志之士，人人圖強。吳氏子孫也紛紛投入到當時最有希望拯救中國的洋務運動中來。

北渠吳氏第十七世吳佑孫（1841—1902），歷任浙江臨海縣丞、平湖縣知縣、西安錢塘縣知縣、候補同知、在任候補知府等職。他協助張之洞創辦湖北武備學堂，督練新軍，打造出晚清最具實力的軍隊之一，為辛亥革命的勝利奠定了基礎。

吳佑孫次子吳琳（1865—1913），光緒十五年（1889）中舉人，歷任湖北候補知縣（署理長陽縣事）、竹溪縣知縣等職。他擔任張之洞的幕僚，主持重修武昌岳王廟，通過岳飛“精忠報國”的精神激勵軍民的愛國思想。

吳琳次子吳景瀛（1891—1959），後改名吳瀛，1914年以內務部官員身份參與紫禁城接收事宜，成為故宮博物院的創辦人之一。“九一八”事變後故宮文物南遷，吳瀛擔任首位押運官，為保護文物傾注了大量心血，去世前還將自己珍藏的271件文物捐贈給了故宮博物院。在對文物保護的殫精竭力之外，吳瀛對待革命先烈及其後人也表現出極為可貴的正義感與擔當。1927年，李大釗先生蒙難，累及家屬。在這個關鍵時刻，心向共產黨的吳瀛不顧當時的政治恐怖，挺身而出，毅然收留李大釗的女兒李星華，讓她住到自己的家裏並妥加安頓。

吳瀛逐漸脫離軍界政界後，進入到文化藝術領域。近現代以來吳氏後人正是在文化藝術領域取得了備受矚目的成就。

藝術大師吳祖光（1917—2003）是吳瀛長子，國際上最著名的中國文化人之一，上溯到明代，為北渠吳氏第二十世、吳中行第十二世孫。吳祖光19歲創作出話劇

5-2
吳佑孫（字殿英）、吳琳（字稚林）父子在湖北武備學堂練兵時期合照（1897年左右）。吳歡提供

5-3
吳琳肖像。吳歡提供

5-4 吳琳、莊還全家福（後排自左至右：五子吳曼公、次子吳稼農之妻抱子吳祖剛、四女吳琴園、長女吳琴清、三子吳瀛、次子吳稼農）。吳歡提供

5-5 1956年吳瀛、周琴綺與孫兒吳歡拍攝於北京馬家廟老宅中。吳歡提供

5-6
吳瀛的女兒們與李大釗的長女李星華（戴眼鏡者）。吳歡提供

5-7
1963年吳祖光、新鳳霞夫婦合影。吳歡提供

5-8 吳祖光與周恩來總理。吳歡提供

5-9 新鳳霞與鄧穎超。吳歡提供

5-10
前排中坐者（從左往右）齊白石、徐悲鴻、新鳳霞。後排站立者（從左往右）：武德萱、郭秀儀、胡絜青、廖靜文、董希文、于非闇。吳歡提供

5-11
後排立者從左至右排序：李苦禪、吳祖光、劉金濤、李可染、郁風。吳歡提供

5-12

1955年吳祖光與梅蘭芳一起拍攝電影《梅蘭芳的舞台藝術》。吳歡提供

5-13

1953年在北京棲鳳樓胡同合影。中坐者為齊白石，新鳳霞立於其後，吳祖光蹲於其前。此外還有吳祖強（前排右一）、黃苗子（前排右二）、張正宇（後排右一）、張光宇（後排右二）、郁風（後排右三）等人。吳歡提供

《鳳凰城》，贏得“戲劇神童”的美譽；後來又創作出《正氣歌》《風雪夜歸人》《林沖夜奔》《牛郎織女》和《少年遊》等名作，聲震劇壇。吳祖光的妻子新鳳霞是中國評劇最大流派——新派藝術的創始人，被譽為“評劇皇后”。吳祖光、新鳳霞合作的《劉巧兒》《花為媒》《新鳳霞傳奇》，在中國產生了現象級的影響。吳瀛第六子吳祖強（1927—2022）是著名作曲家，國際音樂界最著名的中國代表人物，對中國音樂走向世界做出重大貢獻，其弟子遍佈全世界，吳祖強歷任中央音樂學院院長、中國音樂家協會副主席和中國文聯黨組書記，掌管十大協會，創作出《紅色娘子軍》舞劇、《二泉映月》弦樂、《草原小姐妹》協奏曲等作品。吳祖光和吳祖強被譽為中國文化藝術界的“雙璧”。

吳瀛、吳祖光、吳祖強一脈皆出自遷居常州的洗馬橋吳氏。在宜興的北渠故里，還誕生了一位世界級的藝術大師——畫家和美術教育家吳冠中（1919—2010），他屬北渠吳氏十九世，與吳瀛同輩。

畫家吳歡作為止園家族當代的代表人物，歷任三屆全國政協委員，出訪歐美中東，形跡遍及世界，真正繼承了吳家的傳統。如今年屆姑息，依然為推動宣傳《止園》發揮著重要作用。

1994 年吳冠中訪問故鄉，創作油畫《老家北渠村》，重溫少年時期的青春記憶。此前的 1989 年，高居翰參加吳冠中在舊金山的畫展並一起合影。高居翰發表《吳冠中的繪畫風格與技法》一文，稱讚吳冠中的作品是“東西方藝術的匯合”，展示了“兩種藝術體系從正面交鋒，而

5-14 吳祖強與江澤民主席。吳歡提供

5-15 高居翰參加吳冠中畫展合影。莎拉提供

5-16
吳冠中《老家北渠村》

5-17
吳祖光與兒子吳歡。吳歡提供

5-18

吳、李兩家後人聚會（從左往右）：趙素敬、吳歡、李宏塔、李小玲。吳歡提供

5-19

吳歡與時任聯合國秘書長潘基文。吳歡提供

漸漸互相妥協以致融合。”高居翰不會預料到，當時站在身邊的吳冠中，距離他苦苦追尋的止園，僅有一步之遙。2012 年修復吳冠中故居，北渠吳氏第二十一世、吳祖光之子吳歡來到宜興，為故居前的牌樓題字，續起了家族的這段前緣。

明清以來的五百多年間，吳氏家族與中國的政治、經濟、文化始終保持著難解難分的聯繫。吳氏在古代曾是科舉世家、收藏世家和造園世家，近現代時期再次崛起，參與辛亥革命、創辦故宮博物院、從事藝術創作，在文博、戲劇、電影、音樂和書畫領域做出非凡的成就。五百年的吳氏傳承，展示出一個世家大族深厚的文化積澱。

2018 年 12 月，中國園林博物館和北京林業大學聯合主辦了“高居翰與止園——中美園林文化交流國際研討會”。高居翰的女兒、學生，吳氏家族的後人，以及研究繪畫和園林的中外學者彙聚一堂，共同紀念高居翰為中美文化交流作出的卓越貢獻。2019 年 10 月，止園舊址所在的常州籌備舉辦了“止園歸來”藝術展，邀請藝術家採用亂針繡、烙鐵畫、斧劈石等非遺工藝，圍繞止園展開藝術創作，迎接曾被遺忘的歷史名園回歸故鄉。

作為見證止園研究的青年一代，我們常常談起止園的幸運與不幸，或偶然與必然。止園未能保存下來，與獅子林、拙政園、寄暢園等古代名園相比，頗為不幸。然而它在最輝煌、最燦爛的時刻，由張宏將園貌完整地繪到圖中，卻又是一種幸運。如果我們尋覓明朝的園林，止園是最原汁原味的一座，藉助繪畫掙脫了歲月的摧殘。《止園

5-20

吳歡會見美中關係全國委員會主席歐倫斯。吳歡提供

5-21

吳歡與兒子吳幼麟培同洛克菲勒家族後人參觀故宮。吳歡提供

圖冊》流散到海外分藏多處無法完璧，是一種不幸。但張宏由此得遇高居翰這位知音，獲得與其成就相稱的評價，在畫史上佔據一席之地，卻又是一種幸運。

高居翰遇到《止園圖冊》屬偶然，與高居翰僅有一面之緣的陳從周將《止園圖冊》帶回國內也是偶然，曹汛在浩如煙海的文獻中發現《止園集》更是偶然。其間有太多挫折，太多錯過。然而跨越這漫長的時光，讓所有偶然凝結為必然的，是這位美國學者對《止園圖冊》一片癡心的堅持。

如今《止園圖冊》分藏在美國和德國，止園模型和遺址位於北京和常州，它們共同孕育著新的止園故事，期待著新的交流和創造。止園的故事宛如一個夢境，有著夢境才有的無限可能，園林與繪畫，過去與現在，中國與西方⋯⋯各種界限與隔閡都被打破，交流與合作得以展開。止園研究由國際學者發起，先在國際上形成影響，繼而由中國學者接力，取得了豐碩的成果，因此應該再次回到國際舞台，搭建起溝通中外的藝術橋樑，向世界展示中國文化的優美與博大。止園不止，以止為始，通過創新傳統來延續傳統。中外學人們想追尋的，既是縹緲如夢的止園，也是止園所引向的夢境，不僅是為找尋過去，更是期待創造未來。

吴氏止園

5-22
2018年12月，美國洛杉磯郡給為止園做出貢獻的個人和機構頒發榮譽證書。自左至右：任向東、柯一諾、周瑩、曹汛、斯基普·肯·布朗、吳歡、莎拉·卡希爾、黃曉、洪再新、劉珊珊、孔紈

附錄一《止園圖冊》

明・張宏

止園圖

天啓丁卯夏月爲
徽山詞宗寫
吳門張宏

附錄二　明清北渠吳氏科舉名錄

序號	世系	姓名	中第時間	公元紀年
01	七世	吳性	嘉靖十三年甲午科舉人	1534
			嘉靖十四年乙未科進士	1535
02	八世	吳可行	嘉靖二十五年丙午科舉人	1546
			嘉靖三十二年癸丑科進士	1553
03		吳中行	嘉靖四十年辛酉科舉人	1561
			隆慶五年辛未科進士	1571
04	九世	吳亮	萬曆十九年辛卯科舉人	1591
			萬曆二十九年辛丑科進士	1601
05		吳奕	萬曆二十八年庚子科舉人	1600
			萬曆三十八年庚戌科進士	1610
06		吳玄	萬曆十九年辛卯科舉人	1591
			萬曆二十六年戊戌科進士	1598
07		吳宗達	萬曆二十八年庚子科舉人	1600
			萬曆二十九年辛丑科中式	1601
			萬曆三十二年甲辰科進士（探花）	1604
08		吳宗儀	萬曆二十二年甲午科舉人	1594
09		吳宗因	萬曆十九年辛卯科舉人	1591
10		吳兗	萬曆二十八年庚子科舉人	1600
11		吳襄	萬曆三十一年癸卯科舉人	1603
12		吳宗奎	萬曆十九年辛卯科舉人	1591
13		吳宗閏	萬曆三十七年已酉武科舉人	1609
14		吳宗進	天啓七年丁卯武科舉人	1627

<table>
<tr><th>序號</th><th>世系</th><th>姓名</th><th>中第時間</th><th>公元紀年</th></tr>
<tr><td rowspan="2">15</td><td rowspan="12">十世</td><td rowspan="2">吳柔思</td><td>天啓元年辛酉科舉人</td><td>1621</td></tr>
<tr><td>天啓二年壬戌科進士</td><td>1622</td></tr>
<tr><td rowspan="2">16</td><td rowspan="2">吳簡思</td><td>崇禎三年庚午科舉人</td><td>1630</td></tr>
<tr><td>崇禎四年辛未科進士</td><td>1631</td></tr>
<tr><td rowspan="2">17</td><td rowspan="2">吳剛思</td><td>崇禎十二年已卯科舉人</td><td>1639</td></tr>
<tr><td>崇禎十六年癸未科進士</td><td>1643</td></tr>
<tr><td rowspan="2">18</td><td rowspan="2">吳方思</td><td>崇禎六年癸酉科舉人</td><td>1633</td></tr>
<tr><td>崇禎十三年庚辰科進士</td><td>1640</td></tr>
<tr><td>19</td><td rowspan="2">吳位思</td><td>康熙二年癸卯科武舉人</td><td>1663</td></tr>
<tr><td>20</td><td>康熙三年甲辰武進士</td><td>1664</td></tr>
<tr><td>21</td><td>吳文思</td><td>康熙二年癸卯武亞元</td><td>1663</td></tr>
<tr><td>22</td><td>吳雲</td><td>天啓七年丁卯武舉人</td><td>1627</td></tr>
<tr><td rowspan="2">23</td><td rowspan="3">十一世</td><td rowspan="2">吳守採</td><td>順治三年丙戌科舉人</td><td>1646</td></tr>
<tr><td>順治四年丁亥科進士</td><td>1647</td></tr>
<tr><td>24</td><td>吳守棨</td><td>康熙五年丙午科舉人</td><td>1666</td></tr>
<tr><td rowspan="2">25</td><td rowspan="9">十二世</td><td rowspan="2">吳本立</td><td>康熙二年癸卯科舉人</td><td>1663</td></tr>
<tr><td>康熙九年庚戌科進士</td><td>1670</td></tr>
<tr><td rowspan="2">26</td><td rowspan="2">吳彪</td><td>康熙十七年戊午科武舉人</td><td>1678</td></tr>
<tr><td>康熙十八年已未科武進士</td><td>1679</td></tr>
<tr><td rowspan="2">27</td><td rowspan="2">吳震生</td><td>康熙二十六年科舉人</td><td>1687</td></tr>
<tr><td>康熙二十七年戊辰科進士</td><td>1688</td></tr>
<tr><td rowspan="2">28</td><td rowspan="2">吳龍見</td><td>雍正十三年乙卯科舉人</td><td>1735</td></tr>
<tr><td>乾隆元年丙辰科進士</td><td>1736</td></tr>
<tr><td>29</td><td>吳琰</td><td>雍正四年丙午科舉人</td><td>1726</td></tr>
</table>

序號	世系	姓名	中第時間	公元紀年
30	十三世	吳楫	乾隆九年甲子科舉人	1744
			乾隆十年乙丑科進士	1745
31		吳霖	乾隆五十三年戊申恩科舉人	1788
			乾隆五十五年庚戌恩科進士	1790
32		吳其儀	康熙五十九年庚子舉人	1720
33		吳熊	乾隆三十年乙酉科舉人	1765
34		吳汝翼	乾隆十二年丁卯科舉人	1747
35	十四世	吳步雲	乾隆九年甲子科科舉人	1744
			乾隆十三年壬申恩科進士	1748
36		吳堂	乾隆五十一年丙午科舉人	1786
			嘉慶元年丙辰科進士	1796
37	十五世	吳儀澄	嘉慶二十三年恩科舉人	1819
38			道光六年丙戌科進士	1826
39		吳星耀	乾隆四十五年庚子科舉人	1780
40		吳廷楹	嘉慶十三年戊辰科舉人	1808
41		吳企寬	道光五年乙酉科舉人	1825
42	十六世	吳承烈	嘉慶十二年丁卯科舉人	1808
			嘉慶二十二年丁丑科進士	1818
43		吳保臨	道光十一年辛卯恩科舉人	1831
			道光十三年癸巳科進士	1833
44		吳自徵	道光十七年丁酉科順天舉人	1837
45			道光二十四年甲辰科大挑二甲	1844
46		吳保豐	道光二十四年甲辰恩科	1844
47	十八世	吳琳	光緒十五年已丑恩科舉人	1889

附錄三　明清北渠吳氏著述概覽

1. 吳悛《寄園詩草》

吳悛（1512—1582）字安甫，號江峰，建有寄園，是藝術大師吳冠中（十九世）的七世祖。

2. 吳性《天真園稿》

吳性（1499—1563）字定甫，號寓庵，是吳氏遷居常州的第一人，為常州洗馬橋吳氏四大分支的先祖，建有城隅草堂和天真園。

3. 吳可行《韋弦集》（又名《讀書鏡》）10 卷、《蓬累銘言》1 卷、《太史詩抄》2 卷、《吳後庵詩集》2 卷

吳可行（1527—1603）字子言，號後庵，為吳性次子。嘉靖二十五年（1546）20 歲中舉人，嘉靖三十二年（1553）27 歲中進士，兩年後授翰林院檢討，得到首輔徐階器重，被視為接班人。後因考功法免職，退隱宜興，建有沙滆湖居和荊溪山館。

4. 吳中行《賜餘堂集》* 14 卷、《皇明歷科狀元全策》12 卷、《新刊舉業精義四書蒙引》15 冊別錄 1 冊、《復庵娛晚詩鈔》1 卷

---

* 帶下劃綫者，目前已查到存世版本。

吳中行（1540—1594）字子道，號復庵，為吳性第三子。隆慶五年（1571）中進士，歷任翰林院侍讀學士，春坊、諭德兼翰林侍講，充日講起居注官，官至南京翰林院掌院學士，為正五品。吳中行在宜興建有甑山墓園、滆湖蒹葭莊，在常州建有嘉樹園。

5. 吳宗因《延陵附編》

吳宗因（1563—1637）字親于，號謹所，為吳可行第三子，萬曆十九年（1591）中鄉魁，先後擔任湖廣石首縣知縣、浙江麗水教諭和浙江台州府司理。繼承城隅草堂，改建為籧廬宛習池。

6. 吳亮《止園集》24 卷 /28 卷、《止園續集》1 卷、《朔巡讞書》2 卷、《詳牘》1 卷、《增修毗陵人品記》10 卷、《名世編》8 卷、《遁世編》14 卷、《四不如類抄》12 卷、《萬曆疏抄》50 卷

吳亮（1562—1624），又名吳宗亮，字採于，號嚴所，為吳中行第二子。萬曆十九年（1591）中舉人，萬曆二十九年中進士，授從七品中書舍人。萬曆三十四年（1606）擔任河南主考，萬曆三十六年（1608）升任正七品湖廣道監察御史，任巡視北城九門監法。萬曆三十七年（1609）任正七品大同宣府巡按御史。天啓二年（1622）起用為正六品南京禮部儀制司主事，升正五品南京吏部驗封司郎中，任北京光祿寺寺丞，轉北京大理寺寺丞，天啓四年（1624）升正四品大理寺少卿。先後重修或建造小園、白鶴園、嘉樹園和止園 4 座園林。

7. 吳奕《觀復庵集》八冊十六卷，含《輿中草》《後

輿中草》等

吳奕又名吳宗奕（1564—1619），字世于，號敏所、觀復、艾庵，為吳中行第三子。萬曆三十八年（1610）中進士，次年授浙江縉雲縣知縣，繼承重修嘉樹園。

8. 吳玄《率道人素草》7卷、《眾妙齋集》《浙黨吾徵錄》

吳玄（1565—1628）又名吳宗玄，字又于，號純所，別號天然，又號率道人，為吳中行第四子。萬曆十九年（1591）中舉人，萬曆二十六年（1598）中進士，後官至從二品湖廣布政使司右布政使。

9. 吳兖《山居雜著》8卷、《家雞集》、《山居別著》1卷、《山居詞》

吳兖（1573—1643）又名吳宗兖，字魯于，號詹所，別號南山翁、綠蓑翁、二歇居士等，為吳中行第六子。他中萬曆二十八年（1600）舉人，萬曆三十二年（1604）副榜，但未出任官職，而是隱居終生，築有蒹葭莊。

10. 吳襄《延津雜記》《茶陵雜記》《瀛洲雜記》《拙園小刻》

吳襄（1577—1652）又名吳宗亶，字服于，號贊皇，別號北山公、愚公、閒客等，為吳中行第七子。中萬曆三十一年（1603）舉人，天啓五年（1626）擔任南平縣令，後升任湖廣茶陵州知州，崇禎八年至十一年（1635—1638）擔任從五品直隸滄州知州。築有拙園和青山莊。吳襄長女嫁范允臨之子范能迪，兩人為兒女親家。

11. 吳宗褒《素園集詩》4卷、《素園集雅》1卷吳宗褒（1578—1629）字錫于，號貶所，別號衮一，為吳中行幼子，恩蔭中書舍人。築有素園。

12. 吳宗達《渙亭存稿》28卷、《渙亭詞》《麟經日錄》

吳宗達（1575—1635）字上于，號青門，是吳性幼子吳同行的次子。萬曆三十二年（1604）中殿試第三名探花，先後升遷十五次，官至少傅兼太子太傅、吏部尚書、建極殿大學士，封光祿大夫、進勛柱國等，位極人臣，是北渠吳氏家族功名最顯赫者。繼承天真園並築有綠園。

13. 吳孝思《奇士類編》5卷、《春夢婆》《昭君歸漢》

吳孝思（1587—1647）原名儆思，字慕生，是吳中行長子吳宗雍的次子。他仰慕古今的英雄豪傑，天啓元年（1621）編刻《英雄覽》，請好友陳繼儒、薛寀、陳組綬作序；後又編刻《女英雄覽》，自作《英雄覽總序》和《女英雄覽總序》。築有四雪堂。

14. 吳寬思《鵬南堂剩草》

吳寬思（1591—1636）字德御，號眾止，為吳亮長子。庠監生。

15. 吳簡思《東巡筆乘》

吳簡思（1603—1648），字德臨，號明止，為吳亮第七子。中崇禎三年（1630）舉人，崇禎四年（1631）進士，授戶部主事差北新關，升山東東昌道。

16. 吳剛思《遠山閣集》

吳剛思（1605—1678）字德乾，號見止，別號修蟾，為吳亮第八子。中崇禎十二年（1639）舉人，崇禎十六年（1643）進士，館選副卷第一，授吏科給事中。順治七年

（1650）薦舉任江西饒州府司理，補任湖廣武昌府知事。

17. 吳見思《史記論文》130卷、《杜詩論文》56卷、《杜詩論事》《岱淵堂詩集》

吳見思（1621—1680）字齊賢，號玉虹，為吳襄次子。時人評價其論述“自出手眼，識解獨高，與吳門金聖嘆齊名，亦雅相善”。其著作由友人吳興祚刊刻出版，流傳至今。繼承青山莊。

18. 吳文思《感應篇》《言理》

吳文思（1631—1680）原名閎思，字靜文，號真靜，為吳襄第三子。中康熙二年（1663）武亞元。

19. 吳闌思《匡廬紀遊》1卷、《秋影園詩》《北遊草》《南遊草》《詠古集詩》《遊廬山詩》《舊憶錄》

吳闌思（1648—1709）字道賢，號淡齋，為吳襄第五子。監生，考授州同知。著臥雲堂詩集。

20. 吳名思《四書慎餘》《檀幹文鈔》

吳名思（1620—1701）字無虛，號檀幹，為吳宗達第四子，娶吳亮同榜進士龔三益之女，龔氏著有《畦蕙詩鈔》《佀木軒詩鈔》，為一代才女。

21. 吳龍見《薜帷文鈔》14卷

吳龍見（1694—1773）原名僩立，字恂士，號惺園，為吳同行玄孫。雍正十三年（1735）中舉人，乾隆元年（1736）聯翩中進士，歷任戶部主事、武強縣知縣、獻縣知縣、刑部主事、刑部員外郎、刑部郎中和監察御史等職。築有惺園。

22. 吳士模《澤古齋叢鈔》6卷、《澤古齋文鈔》3卷、

《補遺》1卷

吳士模（1751—1821）字晉望，號穆庵，為吳中行六世孫。

23. 吳光焯《北渠吳氏翰墨志》20卷

《北渠吳氏翰墨志》為吳氏家族文獻集成，保留了豐富的史料，價值巨大。

24. 吳祖澤《北渠吳氏族譜》（1930年）

《北渠吳氏族譜》歷經多次重修。其歷程為：

（1）嘉靖二十四年（1545）吳性訂家訓條約、譜傳、義例，創五宗圖，確定北渠吳氏族譜；（2）萬曆二十四年（1596）吳亮第二次修譜，各以宗字輩修建小宗譜；（3）康熙八年（1669年）吳去思主持三修；（4）康熙四十五年（1706）吳闡思、吳震生主持四修；（5）乾隆十年（1745）吳守和、吳守容主持五修；（6）乾隆二十八年（1763）吳龍見主持六修；（7）乾隆四十五年（1780）吳珙立專修世系世表；（8）嘉慶五年（1810）吳珙立、吳端彝主持續修世系世表；（9）道光四年（1524）吳端松主持增修；（10）咸豐二年（1852）吳豹大主持增修；（11）光緒五年（1867）吳德鄘主持增修；（12）光緒三十二年（1607）吳一清、吳德劍主持增修；（13）民國十九年（1930）吳祖澤主持重修。

附錄四　吳氏三代著述概覽

吳瀛：

《故宮博物院前後五年經過記》民國二十一年刻本

《景洲詩草》中國文聯出版有限公司

《蜀西北紀行》中華書局

《故宮塵夢錄》紫禁城出版社

《故宮盜寶案真相》華藝出版社

《中國國文法》商務印書館

《中國國文古典文學理論》知識產權出版社

《內務部古物陳列所書畫目錄》上海辭書出版社

吳祖光：

《風雪夜歸人》中國戲劇出版社

《枕下詩》山西人民出版社

《正氣歌》開明書店

《梅蘭芳與京劇》（梅紹武、梅衛東編著）新世界出版社

《吳祖光自述》大象出版社

《闖江湖》中國戲劇出版社

《踏遍青山》群眾出版社

《少年遊》群眾出版社

《吳祖光劇作選》中國戲劇出版社

《二流堂裏外》江蘇文藝出版社

《新鳳霞傳奇：電視系列劇文學本》華藝出版社

《吳祖光隨筆》四川文藝出版社

《三打陶三春》河北人民出版社

《上海戲劇》上海文藝出版社

《吳祖光論劇》中國戲劇出版社

《舞台上下》商務印書館

《吳祖光雕塑藝術》天津人民美術出版社

《小説創作談》上海文藝出版社

《吳祖光》古吳軒出版社

《中國戲曲 · 明信片》（全四集）人民中國出版社

《生正逢時憶國殤》浙江大學出版社

《吳祖光日記》大象出版社

《掌握命運》大眾文藝出版社

《絕唱》江蘇文藝出版社

《一切靠自己》大眾文藝出版社

《一輩子：吳祖光回憶錄》中國文聯出版社

《求凰集》中國戲劇出版社

《牛女集》寧夏人民出版社

《當代雜文選粹》湖南人民出版社

《吳祖光選集 1—6》河北人民出版社

《樓外樓書系》東方出版社

《解憂集》中外文化出版社

《吳祖光散文選》江蘇人民出版社

《吳祖光悲歡曲》四川文藝出版社

《我的冬天太長了》東方出版社

《霧裏峨眉》吉林攝影出版社

《畫家齊白石》北京出版社

《新鳳霞的回憶》北京出版社

《藝術的花朵》新文藝出版社

《林沖夜奔》開明書店

《咫尺天涯》四川人民出版社

《苦中作樂》湖南出版社

《美在天真：我欽新鳳霞》（合著）中國社會出版社

新鳳霞：

《我當小演員的時候》生活 · 讀書 · 新知三聯書店

《梨園舊影》河北人民出版社

《童年記事》河北人民出版社

《藝海博覽》河北人民出版社

《人事瑣憶》河北人民出版社

《美在天真：新鳳霞自述》山東畫報出版社

《新鳳霞回憶錄》生活 · 讀書 · 新知三聯出版社

《人緣》華藝出版社

《我和溥儀》中央編譯出版社

《絕唱》江蘇文藝出版社

《我叫新鳳霞》北京出版社

《新鳳霞說戲》寧夏人民出版社

《新鳳霞傳奇》華藝出版社

《我與吳祖光 40 年悲歡錄》中國工人出版社

《新鳳霞自述》大象出版社

《皇帝與新鳳霞》華藝出版社

《少年時》浙江少年兒童出版社

《以苦為樂》中國戲劇出版社

《我與吳祖光》當代中國出版社

《末代皇帝的逸事》現代出版社

吳歡：

《奇俠 · 吳歡文集》（上下集）華藝出版社

《吳歡酷論》長江文藝出版社

《絕配：吳祖光與新鳳霞》人民日報出版社

《民國諸葛趙鳳昌與常州英傑》長江文藝出版社

《西皮流水》西苑出版社

《驢唇馬嘴集》華藝出版社

《吳氏三代書畫展畫》四川美術出版社

參考文獻

[1] Cahill James. *The Distant Mountains: Chinese Painting of the Late Ming Dynasty, 1570-1644* [M]. New York & Tokyo: John Weatherhill Inc, 1982.

[2] Cahill James. *The Compelling Image: Nature and Style in Seventeenth-Century Chinese Painting* [M]. Cambridge, Mass.: Belknap Press of Harvard University Press, 1982.

[3] 高居翰，黃曉，劉珊珊 . 不朽的林泉：中國古代園林繪畫 [M]. 北京：生活 · 讀書 · 新知三聯書店，2012.

[4] 黃曉，劉珊珊 . 止園夢尋：再造紙上桃花源 [M]. 上海：同濟大學出版社，2022.

[5] 劉珊珊，黃曉 . 止園圖冊：繪畫中的桃花源 [M]. 上海：東華大學出版社，2022.

[6] 陳從周，蔣啟霆 . 園綜 [M]. 上海：同濟大學出版社，2004.

[7] 劉珊珊，黃曉 . 止園與園林畫：高居翰最後的學術遺產 [N]. 文匯學人，2019-02-22.

[8] 黃曉，朱雲笛，戈禕迎，劉珊珊 . 望行遊居：明代周廷策與止園飛雲峰 [J]. 風景園林，2019（3）：8-13.

[9] 黃曉，戈禕迎，周宏俊 . 明代園林建築佈局的奇正平衡——以《園冶》與止園為例 [J]. 新建築，2020(1)：19-24.

[10] 黃曉，劉珊珊 .17 世紀中國園林的造園意匠和藝術特徵 [J]. 裝飾，2020（9）：31-39.

跋　中國的民間收藏源起自古代園林

一、源起

《題吳之矩雲起樓》

飛樓縹緲倚天開，冉冉晴雲入檻來。

舒卷無心曾出岫。憑陵有意獨登台。

千秋不盡凌霄氣，百尺應看命世才。

高臥尚能千象緯，可容物色到三台。

——吳亮

明朝《止園圖冊》及其研究成果，即將在香港三聯書店出版。

作為古稱江蘇常州府宜興“止園”的血親垂直後人，出版社建議我寫一篇文章紀念一下。當然無法拒絕。

但從內心而言，總有一種惶恐與慚愧，其原因是作為“止園”家族的後人，我並無真正的貢獻，始終是研究者們向我告知各種確證無誤的研究成果，於是我便成為了一個貨真價實，不勞而獲的被研究者，實在有些愧對祖先。

所以首先我想説的是我要真摯誠懇地致敬此圖冊的作者和出版家們付出的努力。尤其應該感謝並懷念的是，為“止園”圖冊的研究用盡幾乎一生心力的美國研究中國古代藝術的偉大學者高居翰先生，沒有他自上世紀五十年代在美國發現“止園”圖後，即展開了畢生近七十年如福爾摩斯偵探般絲絲入扣、步步為營的推理研究，便沒有今天“止園”研究的全部成果。如此這般，高居翰先生居功至偉是顯而易見，實至名歸的。

二、吳家園林與紫砂壺

這裏先從我家鄉的宜興紫砂壺説起。

經學者研究證實，紫砂壺乃是我家明朝進士吳仕（字頤山）率領書童供春發明創作，並在自家園林邀集今天所謂“朋友圈”的各類藝術家、高官巨宦、商甲名流推廣宣傳延續至今而名滿天下走向世界的。

據《常州府志》《宜興縣志》及文獻典籍記載，明代以來如唐伯虎、文徵明、沈周、仇英、董其昌等文化浪人雲遊藝術家等，都是宜興吳氏園林家族的常客，在園林中流連忘返詩酒風流，唐伯虎三笑點秋香的傳説正是源於吳氏園林。曹雪芹《紅樓夢》中的“大觀園”也正是《止園》主人七弟吳襄所建常州園林“青山莊”大觀園以及常州古建著名的“大觀樓”演繹而來。網上早有專門文章介紹此事，上網可查。

三、吳家園林與“富春山居圖”

再要說開篇詩，引自我玄祖父明朝吳亮《止園集》。題目是“題吳之矩雲起樓”。

此詩是“止園”主人吳亮寫給他堂兄弟吳正志（字之矩）的，據宜興吳氏家譜明確記載，吳之矩（1562—1617）吳亮（1562—1624）同庚。吳之矩是萬曆十七年進士，吳亮是萬曆十九年進士。

吳之矩的祖父，正是發明紫砂壺的吳仕（頤山），其父叫吳達可，史載吳家第一個拿到《富春山居圖》的正是吳達可，爾後傳給其子吳之矩，吳之矩與明代大畫家董其昌為萬曆十七年同科進士。

明萬曆二十四年董其昌先得此畫，後因其子闖大禍家中出事，全家被砸，無奈之下將“富春山居圖”重金押給好友吳之矩父親吳達可，再後來便傳到吳之矩幼子吳洪裕手中。

1650 年視畫如命的吳洪裕臨終前決定把其家藏的《智永千字文》和《黃公望富春山居圖》焚之一炬陪葬，丟入火爐，幸有其姪兒吳靜庵將畫從火中搶出，然此畫已被燒成兩段。

這便是中國書畫史上有名的“富春山居圖被焚”事件。而這些事情的發生都在我吳家的園林之內。

四、園林與收藏之關係

此文開篇引出這首詩的目的，就是想告訴大家，根據高居翰的研究與推斷，中國早期的民間收藏恰恰是源起於明朝的園林家族。有鑒於此，更加證明了高居翰先生的確是研究中國收藏史方面的一位卓然大家。而園林的作用與功能，很像今天流行全國的“會所”，是東晉陶淵明“採菊東籬下，悠然見南山”歸隱山林的升級版，有大量古代名流達人故事在這裏發生。

明朝著名大作家沈德符生於 1578 年，與吳亮吳之矩同時代，所撰《萬曆野獲編》多記前朝國故，此人雅愛收藏，與董其昌等過從甚密，曾有著述記錄了當時收藏界的真實情況：“嘉靖末年，海內晏安，士大夫富厚者，以治園亭、教歌舞之隙，問及古玩 ......。古董自來多贋，吳中尤甚，文士藉以餬口。”

短短幾句點明了園林之與收藏的天然關係，證明了園林正是收藏的重要平台，也毫不遮掩地說清了古董造假自古而然。正如老北京文物行流傳的一句話“玩兒的就是假活，不冤不樂，哈哈哈！”

有必要強調的是，正是由於上世紀從五十年代開始美國學者高居翰先生率先對這套明朝〈止園〉圖冊展開的全方位研究，發掘出了江南常州府宜興的一個歷五百年未衰至今尤盛且代代都有名人出現的文化世家大族“吳氏家族”，並找到了我這個血親垂直“純種”後人。

對此給我個人的體驗實在是太特別，太難以想像，乃至於比做夢都要離奇幻化。然而這件事又確實是真的，老話講“積善之家必有餘慶；積惡之家必有餘殃。”世界之大如此美事破空而來直接落在我的頭上，“對此涕淚雙滂沱”，我內心對祖先的感激實在是無以言狀，無法表達的。

五、“止園”之“止”的由來

有鑒於此，我本人也對園林文化產生了濃厚的興趣，並展開了研究。首先我發現《止園》的“止”字，便有著非同尋常的含義，源自隋代大儒王通的著作，後人傳為勝敗榮辱千古絕學的《止學》，其核心思想是“人生貴在知止，行當行之止，止當止之止”，“大智知止，小智為謀，智有窮而道無盡哉。”也就是今之所謂，“適可而止”。任何人任何事，只懂向前衝，不懂停下來，亦所謂不知“止”，都會出問題，釀大禍，這裏姑且借李清照的詞用一下“這次第，怎一個‘止’字了得！”

無論哪朝哪代為官為政之道，都是風霜之任，各種勢力交集，聲色犬馬種種誘惑侵蝕，陰謀陽事如亂麻紛披，身旁時時有明槍暗箭，善惡互見，忠奸難辨，稍有不慎便有大獄之難，乃至性命之憂。明末清初的怪才金聖嘆就曾在死前調侃“無意間得殺頭之快！”因此，從政為官，非有大智慧、大定力、大擔當、大氣魄概難為也！

為商之道，則到處都是亂象難測，複雜詭譎，四面是雷，八方有鬼，破產之危在在皆是，一念失算便大難臨頭，傾家蕩產！

為人之道，就不用多費唇舌了，荀子早有“人性本惡”的定論，用一句古諺便可説清，“豬狗尚且好鬥，何況人乎！”法國羅蘭夫人也有名言“我認識的人越多，就越喜歡狗。”

所以，我家先祖在五百年前便把“知止”二字奉若神明，無論當多大的官都時時不忘功成身退這一理念，裸退回家造園享受人生，繼續學習文化知識，建設鄉梓、培養後人。不知不覺間綿延到今天的我，已有五百年的歷史，古人常謂“君子之澤五世而斬”，我家如今已經二十七代，非但未衰至今猶盛，這在中國乃至世界歷史文化發展中都是一個極少有的案例。

事情的發展仍在繼續，高居翰先生 2014 年去世後，中國年輕學者黃曉、劉珊珊夫婦加上常州文史學者薛煥炳以及一大批美術、園林學者的接續研究。一批有關〈止園〉的學術著作相繼出版，尤其是香港的中華書局又出版了一本《吳氏園林譜》(作者為薛煥炳)。據統計我家自明朝至晚清共建私家園林近三十座，堪稱中國歷史上最大的園林世家。

嘆時事滄桑、紅塵白浪、狼性人性、善惡互見、波詭雲譎、大浪淘沙，我家居然能經磨歷劫，繁衍至今。五百年間，子孫們前仆後繼，演繹了那麼多美妙絕倫的精彩人生故事。每每夜闌人靜、深夜夢醒、追懷前塵、念及自己不知不覺間已到古稀之年，正所謂“少年子弟江湖老，紅粉佳人兩鬢斑。”方信歲月無情，大限不遠。

惟其如此，承上啟下講好祖先的故事，傳承祖先的文脈對我而言便成了沒日之前，最重要的事情。

有鑒於此，這本《尋找止園》的出版無論對我個人，還是對社會歷史而言，都是非常重要且意義深長的。

最後我要強調再強調的一點那便是集我家五百年家史走到今天，有一個重要的人生成功經驗，就是朋友圈的串連交際，是最根性的原因。人生無常，積善為本。家父吳祖光生前最喜歡的一幅聯語是“君子常思身後譽，英雄敢吃眼前虧”。不敢吃虧，不願吃虧的人，永遠交不了朋友。

我家從古到今，可謂朋友遍及天下，代代如此，近現代的朋友們估且不說，互聯網上成千上萬條可查，此文只附上明朝為我家祖上這部《止園集》作跋的朋友圈名單，便可見一斑了。

再次感謝諸位與“止園”相關的學者專家，三聯書店的編輯同人，以及家鄉父老、至愛親朋，祝各位健康快活，長樂無極。

止園後人　吳歡

附：吳家明代先祖的“朋友圈”

以下名單據吳氏先祖吳亮《止園集》序跋作者記錄：

1. 霍鵬（1554—1610）：霍去病後人，萬曆三十三年（1605）擢大同巡撫，官至右副都御史。
2. 顧天埈（1561—？）：萬曆二十年（1592）殿試一甲第三名（探花），授翰林院編修。
3. 孫慎行（1565—1636）：萬曆二十二年（1594）中舉，次年聯捷中探花，授翰林院編修，歷官至左庶子、少詹事、禮部侍郎。天啓初，起為禮部尚書。
4. 趙用光：萬曆四十七年（1619）進士，翰林院學士。
5. 王家植：萬曆三十二年（1604）進士，任翰林院編修。
6. 劉國縉：萬曆二十三年（1595）三甲進士，任監察御史。
7. 湯兆京：萬曆二十年（1592）進士，萬曆三十年（1602）任宣府大同巡按。
8. 李維楨（1547—1626）：隆慶二年（1568）進士，授編修。天啓年間召為南京禮部右侍郎，後進尚書。
9. 熊廷弼（1569—1625）：明末將領，萬曆進士，巡按遼東。萬曆四十七年（1619）以兵部右侍郎經略遼東。後為閹黨所害，天啓五年（1625）被殺。
10. 吳宗達：萬曆三十二年（1604）廷試一甲第三名（探花），授翰林院編修，歷任禮部尚書，吏部右侍郎、左侍郎，東閣大學士，文淵閣大學士。
11. 畢懋康（1571—1644）：萬曆二十六年進士，以中書舍人授御史，天啓中累官右僉都御史，崇禎間仕至南京戶部右侍郎。
12. 錢春：東林黨領袖錢一本之子。
13. 薛近兗：萬曆二十三年（1595）進士，歷官浙江、河南布政使。
14. 馬之騏：萬曆三十八年（1610）殿試中一甲第二名榜眼。父子三人皆進士。授翰林至禮部左侍郎。
15. 范允臨（1558—1641）：范仲淹後人。萬曆二十三年進士，官至福建布政司參議。晚居蘇州天平山麓，築天平山莊。
16. 吳奕：吳亮三弟，中萬曆三十八年（1610）進士，授浙江縉雲縣知縣，後補福建漳州府龍溪縣知縣。

致謝

在止園研究過程中，我們得到眾多師友和機構的幫助，特此致謝。

感謝高居翰和曹汛兩位前輩，引領我們進入這項課題。感謝馬國馨、孟兆禎院士的推薦，感謝許化遲、吳幼麟兩位先生的新序，鞭策我們繼續努力。

感謝高居翰之女莎拉（Sarah Cahill）女士，吳氏後人吳歡先生、吳君貽先生，北京林業大學孟兆禎院士、李雄副校長、王向榮院長、李亞軍書記和鄭曦院長，美國洛杉磯郡立美術館利特爾（Stephen Little）先生、孔紈女士、柯一諾（Einor Cervone）女士，中國園林博物館李煒民原館長、張亞紅原館長、楊秀娟館長、劉耀忠原書記、黃亦工原副館長、谷媛副館長、張寶鑫主任，園林學家耿劉同先生、張濟和先生，北京大學方擁教授，清華大學賈珺教授，北京故宮博物院周蘇琴研究員，美國普吉灣大學洪再新教授，中國美術學院張堅教授，加州大學長灘分校布朗（Kendall Brown）教授，高居翰亞洲藝術研究中心余翠雁（Sally Yu）女士、白珠麗（Julia White）女士，高居翰紀錄片導演斯基普（Skip Sweeney）先生、製片人齊哲瑞（George Csicsery）先生，美國路易維爾大學賴德霖教授，波士頓美術館亞洲部主任喻瑜（Christina Yu Yu）女士，三聯書店原總編輯李昕先生、編輯楊樂女士，《止園夢尋》的圖書策劃秦蕾女士、光明城編輯李爭女士和設計師呂旻先生，常州刺繡大師孫燕雲女士、吳澄女士，藝術家冰逸博士、安書研女士，常州大學葛金華院長，聯合國赴華項目負責人何勇先生，《洛杉磯郵報》任向東董事，常州學者薛煥炳先生、徐堪天先生的幫助。

感謝德國柏林亞洲藝術博物館、常州市委市政府、中國國際文化交流中心、中國文物保護基金會、美國加州大學伯克利分校藝術博物館、中國紫檀博物館、常州亂針繡博物館、宜興博物館、北京那裏小世界博物館、北京文化產業商會、亞太交流與合作基金會、三聯書店、活字文化、鳳凰衛視、《常州日報》和《常州晚報》等機構和媒體的支持。

感謝香港聯合出版集團李濟平總裁和香港三聯書店的周建華總編輯、李斌編輯，使此書得以新雅的形式呈現在讀者面前。

劉珊珊　黃曉

作者簡介

劉珊珊，北京建築大學建築與城市規劃學院副教授，曾任同濟大學城市與規劃學院副研究員、荷蘭阿姆斯特丹大學訪問學者。近年主持國家自然科學基金 1 項，發表學術論文 30 餘篇，出版《奇趣景觀：小博物館大歷史》《現代日本家與居》等專著和譯著。

黃曉，北京林業大學園林學院副教授、中國風景園林思想研究中心秘書長、美國喬治城大學訪問學者。近年主持國家自然科學基金 2 項，發表學術論文 40 餘篇，出版《古代北方私家園林研究》等專著。

兩人均為清華大學建築學院博士，2012 年與高居翰合著出版《不朽的林泉：中國古代園林繪畫》，一直合作從事園林、建築的研究和設計。近年合著出版《止園圖冊：繪畫中的桃花源》《止園夢尋：再造紙上桃花源》《江蘇·上海古建築地圖》《河南古建築地圖》《美麗建築》等著作。

本書為國家自然科學基金（52078039、52008302、51708029）的相關成果。

責任編輯　李　斌
書籍設計　道　轍
排　　版　楊　錄

書　　名　吳氏止園：跨越大洋的藝術傳奇
著　　者　劉珊珊　黃曉
出　　版　三聯書店（香港）有限公司
香港北角英皇道 499 號北角工業大廈 20 樓
Joint Publishing (H.K.) Co., Ltd.
20/F., North Point Industrial Building,
499 King's Road, North Point, Hong Kong
發　　行　香港聯合書刊物流有限公司
香港新界荃灣德士古道 220-248 號 16 樓
印　　刷　美雅印刷製本有限公司
香港九龍觀塘榮業街 6 號 4 樓 A 室
版　　次　2024 年 3 月香港第一版第一次印刷
規　　格　16 開（170 mm × 240 mm）200 面
國際書號　ISBN 978-962-04-5373-1